MAX SCHÖNWETTER

HANDBUCH DER OOLOGIE

HERAUSGEGEBEN UND ERGÄNZT VON

Dr. WILHELM MEISE

Zoologisches Institut und Museum Hamburg

Lieferung 23

AKADEMIE-VERLAG · BERLIN

1975

23. Lieferung

Seite 579—642

Tafel 8

Erschienen im Akademie-Verlag, 108 Berlin, Leipziger Straße 3—4

Lizenznummer: 202 · 100/545/75
Satz und Druck: VEB Druckhaus „Maxim Gorki“, 74 Altenburg
Bestellnummer: 762 074 1 (3037/23) · LSV 1365
Printed in GDR
EVP 14,—

blaßvioletten Unterfleckchen erscheinen unter der Lupe etwas deutlicher als bei den anderen Arten, denen sie oft fehlen. Hierdurch sowie infolge des hellen Grundes und der klaren, unverwischten, mehr bräunlichen Zeichnung ergibt sich ein Gesamteindruck, der von dem mehr roten bei *M. timoriensis macrurus* und anderen erheblich abweicht und dem bei *Locustella fluviatilis* näherkommt. Der Grund kann auch leicht rosa getönt sein, die Fleckenfarbe rötlich-, umber- bis purpurbraun, selbst noch dunkler. Neben den manchmal oben zusammengedrängten, oft gut stecknadelkopfgroßen Punkten gibt es als Zeichnung auch kleine Spritzer, Strichel und Wölkchen, die mehr oder weniger gleichmäßig verteilt sind und zum Teil Ähnlichkeit mit denen hellgrundiger *Pycnonotus* (z. B. *aurigaster* oder *goiavier*) -Eier zeigen, aber nach HELLEBREKERS & HOOGERWERF (1967, S. 120) selten auch die Grundfärbung fast verdecken oder Kappen und Ringzonen bilden können.

Megalurus timoriensis tweeddalei. Oft ziemlich glänzend und stumpfoval (k = 1,35). Von Whitehead gesammelte Eier tragen auf weißlichfleischfarbenem Grund ziemlich sparsam über die ganze Fläche verbreitete hellrote kleine Flecke und Punkte nebst einer Zone von blaß violettgrauen Unterflecken am breiteren Ende. Stücke im Britischen Museum machen einen ähnlichen Eindruck. Manche erscheinen fast einfarbig mitteldunkel bräunlichrot mit nur feinsten, etwas dunkleren Punktfleckchen, die locker stehen; von ihnen heben sich bloß einzelne deutlich ab. Die anderen Eier sind überall unter Bildung einer undeutlichen Zone sehr zart und dicht rosabraun und lila gefrickelt. Nehrkorns Exemplare haben *Locustella*-Charakter; sie tragen überall locker verteilte, kleine dunkelbraune Flecke auf hellrosa Grund.

Megalurus timoriensis macrurus. Rote Eier. Mäßiger Glanz. Neigung zu etwas gestreckter Gestalt (k = 1,41). Meist ganz wie der bei *Nesillas* beschriebene Typ 1, nur größer. Fast einfarbig mitteldunkel braunrötlich, so dicht überaus zart gefrickelt oder gewölkt. Die einen mehr rötlich, die anderen mehr braun. Manche haben auf graurosa Grund reiche Spritzer und kleine Blattern, zuweilen selbst gröbere dunkelrotbraune. Dazu manchmal unauffällige rötlichgraue Unterflecke, noch seltener sieht man kurze Haarstriche. Nicht *Locustella*-artig, erinnern sie eher an den fast einfarbigen dunkelroten Typ bei *Pycnonotus*. Die durchscheinende Färbung erweist sich als beinahe so düster wie die der Zeichnung, gelbbräunlich bis mitteldunkel terrakott. Im letzten Fall ist anscheinend oft die Kalkschale in ihrer ganzen Dicke rot durchgefärbt. Auch bei *Anthus trivialis* gibt es so dicht rot gefrickelte Stücke.

Megalurus timoriensis interscapularis. Bei Nehrkorn rosa bis braunrötlich mit feinen oder gröberen rostfarbenen und violetten Flecken, die meist kranzförmig angeordnet sind. Von den prachtvollen Exemplaren im Wiener Museum gewinnt man eine Vorstellung, wenn man sich Eier der *Hippolais icterina* lebhaft rosa und sehr groß denkt, dazu noch derbe graupurpurne Unterflecke zwischen den rundlichen dunkel purpurnen Oberflecken. Der grobfleckige (nicht der dicht gefrikkelte) *Pycnonotus*-Typ kann recht ähnlich sein. — k = 1,37.

Megalurus timoriensis alisteri. Nach NORTH ganz wie *M. gramineus*, jedoch etwas größer. Auf rötlichweißem Grund überall purpurrot gefrickelt, nach oben dichter. — k = 1,38. [2 dieser Rasse unter dem Namen des Synonyms *oweni* Math. zugeschriebene, in der Sammlung R. Kreuger liegende Eier aus Queensland scheinen der Größe wegen zu *M. g. gramineus* zu gehören. Ihre Maße (briefl. 1972) 17,9 × 13,3 = 0,08 g; 18,2 × 13,7 = 0,08 g; sie ergeben a = 18,1, b = 13,5 mm, g = 0,082 g, d = 0,058 mm, G = 1,73 g und Rg = 4,7%, sind also sehr dünnschalig und nicht in der Liste. Hrsg.]

Megalurus albolimbatus papuensis. Nach RAND (Amer. Mus. Novit. 991, S. 5, 1938) im Kugelnest mit seitlicher Öffnung 3 rötlichweiße Eier, die dicht mit kleinen rötlichbraunen Frickeln und Punkten bedeckt sind. — k = 1,35.

Megalurus gramineus gramineus. Rötlichweiß mit rotbraunen, purpurroten oder mehr bräunlichen Frickeln und Punkten im Charakter der *Locustella*-Eier. Teils ziemlich fein und gleichmäßig verteilt, teils etwas gröber und kühner gezeichnet, nach dem stumpfen Ende hin dichter, auch mit winzigen trüb purpurgrauen Flecken dazwischen. Glanz gering. Innenfarbe rosaweiß. — k = 1,39. (Über 2 Eier aus Queensland s. unter *M. t. alisteri*).

Cinclorhamphus cruralis. Oft etwas länglichoval (k = 1,40), mäßig glänzend. Auf rosaweißem Grund dichte feine, zum Teil verwischte Frickel und Fleckchen, zuweilen auch etwas gröbere, oder vorwiegend Punkte in Rötlichbraun oder Lachsfarben neben zurücktretenden lilagrauen Unterfleckchen. Gelegentlich sind es verwischte mattbräunliche und schwarzbräunliche Punkte, die sehr dicht stehen, wie auch sonst meist ziemlich die ganze Oberfläche mit Zeichnung bedeckt ist, nicht selten aber auch in einer Zone am stumpfen Ende. Einzelne Stücke im Britischen Museum zeigen nur blaßlavendelfarbene verwischte Fleckchen auf nelkenrötlichweißem Grund. (Taf. 7, Fig. 16.)

Cinclorhamphus mathewsi. Gestalt wechselnd (meist k = 1,36). Glanz mäßig. Oft lebhafter gefärbt, sonst ähnlich den vorigen. Grundfärbung weiß bis rötlich- oder zart purpurweiß, weitgehend bedeckt mit rötlich- oder purpurbraunen Punkten, Frickeln, kleinen unregelmäßig geformten Fleckchen, besonders am oberen Ende. Manche Stücke sind gröber gefleckt, und zwar auch mehr nelkenrot, kastanienbraun, selbst nahezu karminrot. Andere zeigen sich nur minutiös punktiert, nach oben hin zunehmend dichter. Feinpunktierte Eier von *Pycnonotus* können recht ähnlich sein. Weiß oder rosaweiß durchscheinend. (Taf. 7, Fig. 17.)
Cinclorhamphus und *Eremiornis* scheinen nach einigen Irrfahrten auch oologisch hier richtig untergebracht zu sein.

Eremiornis carteri. Länglichoval (k = 1,46). Nelkenrötlichweiß, überall, besonders aber am oberen Ende, dicht bedeckt mit sehr kleinen Fleckchen von heller bis dunkler rötlich- oder purpurbrauner sowie lilagrauer Farbe (nach H. L. WHITE, Emu 18, S. 128, 1918, s. MATHEWS, Birds of Australia 9, London, 1922, S. 391; CAYLEY, What bird is that? Sydney, 1931, S. 174, u. SERVENTY & WHITTELL 1967, S. 315).

Bowdleria punctata vealeae. Nach OLIVER (New Zealand birds. Second edition. Wellington, 1955, S. 463) nelkenrötlich, überall, besonders am stumpfen Ende, mit purpurnen und hell braunen Flecken bedeckt. — k = 1,26.

Bowdleria punctata punctata (und *caudata?*). Weiße Eier mit Rosahauch und rötlichbraunen oder rötlich purpurfarbenen sehr zarten Fleckchen überall, auch als Kranz am stumpfen Ende, ähnlich *Locustella* und *Megalurus*. Reischeksche Stücke im Wiener Museum gleichen auf gelblichweißem Grund fuchsig fein gefleckten von *Ficedula parva*. (Sind es *caudata*-Stücke von den Snares-Inseln, s. u.?). Gestalt elliptisch (k = 1,33), nach Oliver etwas länglicher (k = 1,37) und auf weißem Grund rötlichbraun gefrickelt.

Bowdleria punctata stewartiana. Nach Oliver blaß nelkenrötlich mit rötlichbraunen Flecken überall, besonders in einem Band um den stumpfen Pol. — k = 1,46.

Bowdleria punctata caudata. Nach Oliver blaß lilanelkenrötlich, überall reichlich mit winzigen roten und blaßlila Flecken bedeckt. — k = 1,41.

Bowdleria rufescens. Nach Oliver (1955) breit eiförmig zugespitzt (k = 1,18), rahmweiß, überall rotbraun gefrickelt oder marmoriert.

Ortygocichla rubiginosa. Spitzlangoval (k = 1,42). Fast ohne Glanz. Auf rahmweißem Grund über und über wolkig gefleckt, am dickeren Ende dichter, gelegentlich kappenartig. Die kleinen Fleckchen sind rotbraun oder rötlich oder fuchsig, zwischen ihnen einige lilagraue Unterflecke. Nehrkorn vergleicht diese Eier mit solchen der Lerchen (Alaudidae), wenn man sich deren Zeichnung rot denkt, wie sie ja bei *Rhamphocorys clot-bey* tatsächlich ist.

Sylvia nisoria nisoria. Wie bei allen Eiern der Gattung gewöhnliche Eigestalt mit Neigung zu etwas breiteren, bauchigen Formen (k = 1,34). Grundfarbe weißlich, oft leicht grau oder gelbbräunlich getönt, selten grünlichweiß, aber häufig so durchscheinend. Von allen anderen *Sylvia*-Eiern nicht nur durch bedeutendere Größe, sondern vor allem durch eine ganz ungewöhnliche Zeichnung unterschieden. Diese besteht in der Regel lediglich aus mehr oder weniger gleichmäßig verteilten, ganz verloschenen, meist kleinen, aber oft ziemlich dichten Unterflecken in Gestalt blaß blaugrauer Flecke oder Wölkchen. Nur wenige Stücke sind deutlicher gezeichnet und tragen dann zuweilen auch einige schwache, hellgelbbraune Spritzer oder Wischer. Viele Eier erscheinen nahezu einfarbig grauweiß oder blaß gelbbräunlichweiß und ziemlich glänzend. An Korn und Poren konnte ich bei keiner *Sylvia*-Art etwas Besonderes entdecken.

Das Fehlen der Oberflecke, verbunden mit reichlicher Unterfleckung, finden wir als Regel wieder bei dem Bombycilliden *Hypocolius ampelinus* und dem Prionopinen *Eurocephalus anguitimens rueppelli*. Ähnlich verborgene Zeichnung wird sonst nur noch bei *Cariama cristata* und *Balearica* beobachtet. (Taf. 8, Fig. 1.)

Sylvia nisoria merzbacheri zeigt genau dasselbe Bild. — k = 1,38.

Sylvia hortensis hortensis. Im Gegensatz zu allen anderen *Sylvia*-Eiern ist hier die Grundfärbung wenigstens bei älteren Exemplaren reinweiß und die Zeichnung spärlich, oft punktförmig, immer scharf markiert, also von ganz besonderem Charakter. Bei frischen Stücken ist der zuweilen erheblich glänzende Grund sehr blaß grau, grünlich oder bleichbläulich gehaucht. Soweit die Zeichnung nicht nur in grauen, braunen und schwärzlichen Punkten besteht, die sich mehr oder weniger gleichmäßig verteilen, handelt es sich um weitläufige kleine Blattern, Wischer und Strichel in Olivgrünlichbraun und Lilagrau. Sie sind manchmal brandfleckig ausgelaufen, am stumpfen Ende etwas zahlreicher und gröber als sonst. Infolge des hellen Grundes treten die Unterflecke hier stärker als bei *atricapilla* und *borin* hervor. Am nächsten stehen die *hortensis*-Eier den viel kleineren von *S. curruca*, deren Grundfärbung aber selten so rein weiß ist. Dann und wann zeigen sich auch fast schwarze, rundliche Punktflecke und vereinzelte tiefbraune Kritzel. Durchscheinende Färbung weiß, blauweiß oder gelblich. — k = 1,34.

Sylvia hortensis crassirostris. HARTERT schildert die Eier dieser östlichen Rasse als gegenüber der vorigen meist größer und glänzender, nicht so reinweiß, in frischem Zustand deutlich blaßgrün. Die Fleckung ist dreifarbig: aschgrau, grünlichgrau und bräunlich, oft über das ganze Ei verstreut. Brandflecke kommen anscheinend nie vor. Die Eier erinnern gar nicht an die von *S. curruca* und haben einen ganz eigenartigen Charakter. — Hiergegen läßt sich einwenden, daß eine große Menge von Krüper in Griechenland und Kleinasien gesammelter Eier gerade besonders reinen weißen Grund zeigen, ebenso Stücke aus Dalmatien. Viele tragen nur spärliche Punkte, andere jedoch kommen mit denen der Westform *hortensis* überein, wenngleich sie den *S. curruca*-Eiern weniger ähneln als diese. — k = 1,34.

Sylvia hortensis jerdoni. Diese indischen Eier sind ganz wie die vorigen. — k = 1,38.

Sylvia curruca curruca. Gestalt spitzbreitoval (k = 1,29). Glanz mäßig. In der Größe stark, in Färbung und Zeichnung schwach veränderlich. Wie alle mitteleuropäischen *Sylvia*-Eier von unverkennbar eigenem Gepräge, wenngleich manchmal entfernt an einen *S. borin*-Typ anklingend. Grund zuweilen milchweiß, häufiger aber trübweiß, bleich gelbbräunlich, seltener grünlich gehaucht. Die Zusammendrängung des größten Teils der Zeichnung im breiteren Drittel der Oberfläche ist hier ausnahmslos viel stärker als bei den andern mitteleuropäischen Grasmücken. Die oft recht dicht zusammenstehenden, kleinen und größeren Flecke graubrauner, gelbbrauner, olivbrauner und blaß lilagrauer Färbung treten gleichzeitig in mehreren Schattierungen gemischt auf, weniger oft scharf markiert oder punktförmig als leicht verwischt. Die dunkelsten Tüpfel, zuweilen mit brandfleckig helleren Rändern, können sehr auffallen, aber auch ganz fehlen. Manche Stücke mit einigen zusätzlichen schwarzen Punkten kann man für eine Zwergausgabe von *S. hortensis*-Eiern halten. Die Zeichnung ist jedoch normalerweise reicher. Aber ein abnormes Gelege meiner Sammlung mit recht großen Eiern zeigt auf reinweißem Grund nur wenige schwärzliche bzw. olivbraune Pünktchen. Erythristische Eier wurden wohl nur einmal von JOURDAIN (Witherby u. a. 1940, S. 87) festgestellt, und auch Kritzelzeichnung ist überaus selten. Durchscheinende Farbe gelbgrünlichweiß bis bläulichweiß, bei älteren Stücken mehr gelb. — k = 1,32.

Sylvia curruca blythi. Häufig sienabraun getönt (BAKER 1933, S. 409). — k = 1,32.

Sylvia curruca halimodendri und *jaxartica*. Färbung und Zeichnung wie bei *S. c. curruca*. — k = 1,28.

Sylvia minula margelanica. In Färbung und Größe wie deutsche *S. c. curruca*; doch ist wegen des Nebeneinandervorkommens der beiden, von russischen Forschern nicht zu zwei Arten gerechneten Klappergrasmücken eine Verwechslung in Einzelfällen nicht ausgeschlossen. Nicht, wie HARTERT sagt, kleiner als *c. curruca* (SCHÖNWETTER, Journ. f. Orn. 85, S. 538, 1937). — k = 1,32.

Sylvia althaea. Ganz wie *S. curruca*-Eier. Nach DRESSER (A history of the birds of Europe 9. London, 1896, siehe HARTERT) schmutzigweiß mit feiner grünlichgrauer Zeichnung, etwas größer als bei *S. curruca*. BAKER beschreibt die Eier als sehr blaß grauweiß oder rahmfarben, ziemlich kühn in verschiedenen braunen bis fast schwarzen Tönen neben violettgrauen Unterflecken geblattert, gelegentlich mit grauem Hauch in der Zeichnung. Nach SARUDNY 1896 (s. DEMENTIEW u. a. 6, 1954, S. 380) Grund öfter grünlichweiß als rein weiß. Die neueren Maße BAKERS (1933, S. 409) mit ihrer ganz abnormen Variation in der Längsachse (15,4—22,1 mm) erscheinen mir zu groß; in seiner „Fauna of British India" (1924, S. 450) sagt er wohl richtiger 16,0—18,2 × 12,9—13,9 für *althaea* und 15,8 bis 19,0 × 12,3—14,2, i. D. 16,5 × 13,1 mm für *S. curruca affinis*, die meist hierher gehören. Meine Eier aus Transkaspien zeigen D_5 = 15,8 × 12,3 = 0,078 g (15,4 bis 16,3 × 12,2—12,4 = 0,075—0,080 g). (Da soviel kleiner als die SARUDNYS aus dem Gebirge, wurden diese Maße zu *S. curruca halimodendri* geschlagen. Hrsg.) Gestalt etwas breitoval (k = 1,35). Glanz gering.

Sylvia nana nana. Ein Dreiergelege aus Beludschistan bei BAKER (1924) gleicht kleinen von typischen *S. c. curruca* und mißt 16,9—17,5 × 12,6—13,3 mm, verdächtig wegen der großen Breitenmaße. Die Eier sind blaß rahmfarben mit kleinen braunen und grauen Blattern in undeutlicher Kappe am stumpfen Ende und dürften zu *S. althaea* gehören, weshalb BAKERS Maße übergangen wurden. Schon HARTERT-STEINBACHER bezweifeln sie. Die 3 anscheinend richtigen Gelege BAKERS (1933, S. 407) aus Yazd in O-Iran sind rein weiß mit blaß sienafarbenen Ober- und noch blasseren Unterflecken. E. KOSLOWA (s. HARTERT-STEINBACHER) beschreibt ein weißgrundiges Fünfergelege mit leicht bläulichem Anflug und mehr oder weniger reichlichen hellbraunen Fleckchen im Polbereich. Durchschnittsmaße hier 16,0 × 12,5 mm. GROTE (Beitr. Fortpfl. biol. Vögel 12, S. 236f., 1936) vermittelte uns die Erfahrungen SARUDNYS (1896): Bald sich verlierender bläulicher Ton in der Grundfärbung, am breiteren Ende sich häufende, zuweilen einen Kranz bildende, blaßbraune und bleichgraue Zeichnung, wobei der größte Teil der Oberfläche ungefleckt bleibt, mit wenigen fast schwarzen Punkten zwischen den anderen Punkten, kleinen Flecken und vereinzelten Stricheln. SARUDNY hebt hervor, daß die Form im selben Gelege von mehr oder weniger elliptisch bis oval und mehr oder weniger rundlich schwanken kann. Starke Größenvariation: 14,6—17,8 × 11,4—12,2 mm, im Mittel bei den 61 Eiern SARUDNYS nach DEMENTIEW u. a. 15,7 × 12,1 mm. — k = 1,30.

Sylvia nana deserti. Die wohl erstmalig von KOENIG sicher beschriebenen, breitovalen (k = 1,28) Eier erinnern an fahlbraun gezeichnete von *S. curruca* mit fleckenfreier Spitze. Sie sind weiß mit zart grünlichem Hauch, grünlicholivbraun und verloschen bläulichgrau gefleckt. KOENIG (Journ. f. Orn. 43, S. 282, 1895) sagt: „Auf weißem, grünlich schimmerndem Grund olivgrün gefleckt und gepunktet mit unterstreuten hell lilafarbenen Schalenflecken, aber auch nahezu reinweiß, nur am stumpfen Ende ganz fein und spärlich getippelt." Hartert und Heim de Balsac (nach HARTERT-STEINBACHER) fanden weitere Eier. — k = 1,28.

Sylvia borin borin. Stark variante Eier. Durchschnittstyp: Trübweiß mit olivgraubrauner und braungrauer, ziemlich dichter Wölkung durch verwischte mittelgroße hellere und düsterere Flecke, überlagert von einigen kleinen, besonders dunklen Brandfleckchen oder Punkten. Reich, jedoch vorwiegend nicht sehr dunkel über die ganze Oberfläche gezeichnete Eier mit mäßigem Glanz, meist ähnlich denen von *Sylvia atricapilla*; aber gewöhnlich ist nach HELLEBREKERS (Limosa 40, S. 121, 1967) mehr vom außerdem öfter weißlichen Grund zu sehen, wodurch sie heller wirken. Oft wird die Zeichnung weniger dicht, wobei die Flecke eine bestimmtere Form annehmen und der isabell- oder rahmfarbene bis blaßlehmbraune, selten bleichgrünliche Grund deutlicher hervortritt. Dieser kann gelegentlich die dann völlig verwaschenen Flecke ganz verschlucken bis zur Einfarbigkeit in grauer oder umberbrauner Färbung mit nur eben noch erkennbaren Schatten. Schärfer markiert und kontrastreicher gezeichnete Stücke zeigen neben kleinen, hell und dunkler olivbraunen Flecken und Kritzeln eine Anhäufung größerer am stumpfen Ende, die mit fahlbraungrauen Unterflecken und extrem dunklen, zuweilen heller umrandeten Punkten gemischt sind. Noch andere sind lehmbraun und grau marmoriert, mit oder ohne dunkle Stellen.

Selten kommen Stücke mit nur spärlichen und kleinen Punkten dunkelolivbrauner Farbe und mit markierten Flecken rundlicher Form vor oder mit nur wenigen blaßlehmfarbenen Wischern auf reiner weißem Grund. Die Abänderung geht so weit, daß Zeichnungstypen mit dem gewöhnlichen Charakter der Eier von *Sylvia curruca, communis, nisoria* und *hortensis* bei *borin* entstehen, ohne daß auch der umgekehrte Fall einträte. Selbst Anklänge an *Acrocephalus palustris* und *schoenobaenus*, ja an *Hirundo rustica* und *Lanius collurio* sind in großen Sammlungen zu sehen, wenngleich ebenso selten wie erythristische Gelege. Solche, mit braunroten und reiner roten Flecken und Wolken auf rosaweißem Grund, kann man z. B. im Museum Koenig, Bonn, und im Britischen Museum antreffen. Unterflecke sind wohl stets vorhanden, treten aber nicht immer deutlich in Erscheinung. Ausgesprochene Kranzbildung ist sehr selten. Durchscheinende Farbe weiß, zum Teil mit gelblichem oder bläulichem Schimmer. Glanz gering. Gewöhnliche Eigestalt mit Neigung zu bauchiger Form. — k = 1,36. (Taf. 8, Fig. 2.)

Sylvia atricapilla atricapilla. Diese Eier tragen fast den gleichen Charakter wie die von *S. borin*, variieren auch ebenso, sind aber oft kontrastreicher. Erythristische Stücke trifft man, nach HELLEBREKERS (Limosa 40, S. 121, 1967) zu 14% in Holland, nach BRUHN (ebenda) zu 4—5% in Dänemark, viel häufiger an als bei *S. borin*, der Gartengrasmücke, nicht umgekehrt. Grundfarben isabell oder helle graue, elfenbeingelbe, gelbbraune und rosaweiße Töne Fleckenfarben in jeweils hellen und dunklen Nuancen: lehm- oder olivbraun, graubraun, grau, lilagrau, schwarzgrau; bei erythristischen Stücken rosa, ziegelrot, fuchsig, rostrot, leuchtend kastanienrotbraun, rosagrau. Zeichnungscharakter: Ausschließlich scharf markierte Flecke sieht man selten, aber in Verbindung mit Wölkung bilden sie den kontrastreicheren der beiden Haupttypen, fehlen aber dem zweiten Typ. Gleichmäßige Verteilung oder Marmorierung der Zeichnung über die ganze Oberfläche findet sich viel häufiger als deutliche Zusammendrängung am breiteren Ende oder gar Kranzbildung. Die vorherrschende Verwischung der ursprünglich nicht großen Flecke kann diese noch einzeln erkennen lassen, sie aber auch als ausgebreitete Flatschen in die Grundfarbe überleiten. Bei den olivbraun und in nur wenig kräftigerem Ton gewölkten Eiern ohne dunkle Stellen bleibt vom Grund nur wenig unbedeckt. Beim anderen Haupttyp sieht man davon mehr, weil die Wölkung hier lockerer ist und teilweise zu Flecken zusammenschrumpft, meist mit dunklerem Kern. Darüber sitzen dann noch schwarzbraune Punkte und rundliche oder strichelige, sehr dunkle Flecke, die oft an den Rändern heller ausgelaufen, unregelmäßig und lose verteilt sind und dem Ei ein kontrastreiches Aussehen verleihen. Übergänge sind vorhanden, und die Abänderung wird noch vermehrt durch die verschiedenen Grund- und Fleckchenfarben neben der wechselnden Art der Zeichnungsverteilung. Bei den nicht besonders seltenen erythristischen Eiern ergibt sich dieselbe Variation in der Zeichnung, doch scheinen deutlicher gefleckte Stücke oder nur leichtere Verwischung hier vorzuherrschen. — k = 1,35.

In Südspanien wurden rote Eier noch nicht gefunden, obwohl sie dort von *S. melanocephala, cantillans* und *undata* bekannt sind (JOURDAIN, Ibis 1937, S. 133 u. 135). Anklänge abweichender Eier an solche anderer *Sylvia*-Arten werden bei *atricapilla* viel seltener beobachtet als bei *S. borin*, aber die Eier dieser beiden Arten können zum Verwechseln ähnlich sein, worauf CHRISTIE (Ool. Rec. 41, S. 32, 1967) besonders eingeht. Was sonst noch bei *S. borin* gesagt ist, gilt ebenso hier. Das Museum Koenig, Bonn, besitzt auch *S. nisoria*-artige, graugewölkte *atricapilla*-Gelege.

Sylvia atricapilla gularis. Auf den Kapverden sind die Eier hellergrundig und heller gefleckt, wie D. A. & W. M. BANNERMAN (History of the birds of the Cape Verde Islands. Edinburgh, 1968, S. 424) nach ALEXANDER und DE NAUROIS für diese gewöhnlich mit *a. atricapilla* vereinte, aber abweichend singende Form betonen. — k = 1,30.

Sylvia atricapilla paulucci. Nach JOURDAIN zeigen die Eier der Balearenrasse nur wenig Verschiedenheiten. Jedoch haben die drei Eier eines verlassenen Geleges, vorläufig dieser Art zugeschrieben, auf blaß rosafarbenem Grund kastanienbraune und einige bleigraue Flecke am stumpfen Ende, bemerkenswert ähnlich einem Typ, der bei den Eiern von *S. a. heineken* vorkommt. (Möglicherweise handelt es sich bei den drei unsicheren roten Eiern um *S. melanocephala.*) Nach HENRICI (Beitr. Fortpfl. biol. Vögel 2, S. 125, 1926) bieten die *paulucci*-Eier keine Besonderheiten. — k = 1,31.

Sylvia atricapilla heineken. Eier der dunklen Mönchsgrasmückenformen von Madeira und den Canaren ändern wie bei der Nominatform ab. Überdies erwähnt HARTERT von Madeira eine Varietät mit rostgelben und äußerst feinen roten Punkten auf weißem Grund. (Ähnliche Stücke, an *Hirundo rustica* erinnernd, sammelte Henrici von *Sylvia melanocephala* auf den Balearen.) BANNERMAN (A history of the birds of the Canary Islands and of the Salvages. Edinburgh,

1963, S. 220) sah in der Sammlung Meade-Waldow (jetzt im Britischen Museum) ein Gelege von den Canaren, das außer 2 Eiern mit rötlichen Fleckchen ein am stumpfen Pol ungeflecktes Ei enthielt. — k = 1,42.

Sylvia communis communis. Im Gegensatz zu *S. nisoria* stark variant in Zeichnung und Färbung. Zonenförmige Verdichtung am stumpfen Ende oft stärker ausgeprägt als bei den anderen Arten der Gattung, besonders, wenn dort oben, wie häufig, gröbere blei- bis schiefergraue Unterflecke auftreten, wie die Aufnahme Hallers eines bei Frankfurt a. M. gefundenen fast weißen Geleges mit braunschwarzer, unscharfer Zone um den stumpfen Pol in Henrici (Jber. Wetterau. 113—114, Taf. I, S. 81f., 1961) beweist. Auf anderen Stücken fehlen solche Flecke ganz. Grundfarben meist helle grünliche, bräunliche, seltener graue und braunrötliche Töne, jeder davon in mehreren deutlich verschiedenen Nuancen. In denselben Farben, nur dunkler, zeigen sich die zahlreichen, fast stets nur kleinen, manchmal zart wolkigen Oberflecke, die vorwiegend dicht und gleichmäßig verteilt sind. Soweit nicht die Eier wie nur mit einem Farbton gezeichnet erscheinen, wird der Kontrast im Gesamtbild so gut wie nie durch dunklere braune Oberflecke, sondern durch auffallende dunkle Unterflecke erzeugt. Möglicherweise sind aber diese in Wirklichkeit zum Teil Oberflecke im Farbton dunkler Unterflecke. Nicht wenige Eier sind ausschließlich fein punktiert, andere nur zart gewölkt, die meisten aber nach oben hin dichter und gröber gezeichnet, oft von olivbraun-grünlichem Gesamteindruck. Erythristische Gelege kommen recht selten vor, doch besitzt das Museum Koenig mehrere. Brandflecke, wie überhaupt größere braune Flecke wurden nicht beobachtet, rötliche selten. Die durchscheinende Farbe wird offenbar durch die Grundfarbe beeinflußt. Sie ist hellgrün bei grünlichen Außenseiten, mehr gelb bei den anderen.

Trotz der vielen Eitypen bei *S. c. communis* sind Eier dieser Art mit denen anderer *Sylvia*-Arten vom Kenner nicht zu verwechseln, was übrigens trotz offenbar naher Verwandtschaft für fast sämtliche Arten der Gattung gilt. — k = 1,32.

Sylvia communis icterops und *rubicola.* Alles vorstehend Gesagte trifft für diese östlichen Rassen zu; die Art weist meist nur mäßigen Schalenglanz auf. — k = 1,29 bzw. 1,30.

Sylvia rueppelli. Oates & Reid (Cat. Brit. Mus.), die eine große Serie von Selous in Kleinasien gesammelter Eier sahen, beschrieben die Stücke im Britischen Museum als von regulärovaler Gestalt und nur geringem Glanz, auf grauweißem Grund ziemlich gleichmäßig überall grünlichbraun dicht gewölkt und gestrichelt. Die alten Abbildungen bei Thienemann und Baedeker sind unkenntlich, wenn nicht falsch. Meiklejohn sammelte 1933/34 auf Kreta 23 Gelege, 15 davon zu fünf Eiern. Er zeigte mir eine Anzahl in London, und ich fand ihren olivbraunen Gesamteindruck sehr ähnlich dem von ganz dicht zart gefleckten *S. communis*- und *melanocephalus*-Eiern des olivbraunen Typs. Ganz ähnlich sind die von Krüper in Attika und bei Smyrna gesammelten Stücke in den Museen zu Berlin und Wien, dicht grau und olivbraun gleichmäßig fein gefrickelt auf hellolivbraunem Grund, der ins Gelbweiße zieht. Auch an *Acrocephalus schoenobaenus* erinnern sie im Gesamtton, der fast ohne Variation bei allen gesehenen Stücken derselbe ist. Meiklejohn (Ibis 1934, S. 305; 1935, S. 434) machte darauf aufmerksam, daß beim Sammeln genaueste Beobachtung des Vogels wegen der großen Ähnlichkeit vieler Eier von *S. melanocephala* unerläßlich ist. Stücke mit gröberer oder schärfer markierter Fleckung wurden nicht beobachtet. Durchscheinende Farbe blaßgelblichgrün. — k = 1,27.

Sylvia melanocephala leucogastra. Nach McNeile (s. Bannerman 1963, S. 226f.) wie die Eier der Nominatform, aber mit bläulichweißem Grund. Ein Gelege mit blaß grünlichgelbbraunem Grund und dichter olivbrauner Fleckung wird von Bannerman erwähnt. — k = 1,31.

Sylvia melanocephala melanocephala. Ungemein variante Eier von gewöhnlicher bis etwas breiterer und spitzerer Gestalt und nur geringem oder gar keinem Glanz. Der wohl häufigste Typ erscheint auf blaß lehmfarbigem Grund über und über besetzt mit sehr kleinen verwischten Fleckchen und Frickeln der gleichen, nur dunkleren Farbe, gemischt mit zum Teil ein wenig größeren bleigrauen Flecken, die mehr am stumpfen Ende liegen. Die so entstandene Wölkung kommt der bei dicht und verwaschen gezeichneten Eiern von *communis* und *S. conspicillata* recht nahe. Eine zweite nicht seltene Varietät besitzt einige Ähnlichkeit mit den freilich größeren *Motacilla alba*-Eiern, indem aschgraue Flecke die mitteldicht überall verstreuten kleineren, olivbraunen übertönen, so daß der Gesamteindruck mehr grau erscheint und auch an ganz helle, fein dunkelgrau punktierte Haussperlingseier (*Passer domesticus*) mit reinweißem Grund erinnert, mit Verdichtung der Zeichnung nach oben hin. Einzelne Typen sehen aus wie große grobfleckige Eier von *S. curruca.* Seltener finden sich Stücke mit rostbraunen und schiefergrauen Punkten auf blaßrosa gehauchtem Grund, ferner auf reinweißem Grund hellbraun, dunkelbraun und lilagrau punktierte Schalen, die, wie es selten auch bei *S. borin* vorkommt. denen von *Hirundo rustica* überraschend ähnlich sein können. Darüber hinaus berichtet Henrici (Jber. Wetterau. 113—114, S. 82, 1961) auch noch von selbst auf den Balearen gesammelten Varietäten, die den Typ von *Locustella naevia* und sogar von *Acrocephalus palustris* und *A. scirpaceus* wenigstens in Annäherung zeigen. Die durchscheinende Farbe hat meist einen zart grünlichen oder bläulichen Ton im Weiß. ist aber bei erythristischen Eiern rosa gehaucht. — k = 1,32.

Sylvia melanocephala pasiphae. Nach McNeile (s. folgende Rasse) so groß wie die Nominatform.

Sylvia melanocephala momus. Nach McNeile (s. Marchant, Ibis 105, S. 544, 1963) durchschnittlich kleiner als die Nominatform, was unsere wenigen Maße nicht bestätigen, was aber auch für *S. mystacea* vom Irak gelten soll, die Marchant wohl unberechtigterweise als Übergänge zwischen *S. m. momus* und *S. mystacea* ansieht (siehe übernächste Form) — k = 1,37.

Sylvia (melanocephala) melanothorax. Nach Nehrkorn und Glaszner (s. Hartert) gibt es hier zwei Typen von Eiern. Der eine erinnert an gewisse Varietäten von *S. m. melanocephala* mit zahlreichen am stumpfen Ende kranzförmig gehäuften braunen und einigen hellgrauen Flecken auf schmutzigweißem Grund. Der andere hat die ganze Fläche über und über bedeckende grünlichbraune Fleckchen auf grünlichweißem Grund, ähnelt also *S. conspicillata.* Breitovale Gestalt (k = 1,27).

Sylvia mystacea. Vollkommen wie *S. cantillans*-Eier. Nach SARUDNY (s. HARTERT) weiß, einmal mit rosigem Schimmer, fein dunkelgrau, schwärzlich oder braun gesprenkelt, manchmal äußerst dicht am stumpfen Ende. Zuweilen fehlen die schwarzen Punkte und Flecke. Maß 15×12 und 17×13 mm. Gemäß der Beschreibung im CAT. BRIT. MUS. sind die dortigen fünf Eier aus dem Iran ebenso; doch ist die zugehörige Abbildung (hellgrünlicher Grund mit etwas verwischten lehmbraunen Fleckchen) ganz anders. Auch meine Stücke aus Merw und vom Issyk-kul-Gebiet sind genau wie die von *S. cantillans*, auf nicht ganz reinweißem Grund reich übersät mit nach oben hin besonders dicht werdenden winzigen Flecken in zwei olivbraunen Tönen, in gleicher Menge gemischt mit ebenso kleinen schwarzgrauen. Gestalt breitoval, durchscheinende Farbe blaß grünlichgelb.

KOENIG (Katalog der nido-oologischen Sammlung 2, Bonn, 1931, S. 417) schildert seine persischen Eier als auf grünlichweißem Grund stark lehmbraun gesprenkelt und aschfarben nach der Art von *S. communis*, nur feiner und zarter, gewölkt. Eier von Mesopotamien sind nach JOURDAIN viel kleiner als die von *S. melanocephala* (deren dunkel punktierten Typen die von *mystacea* allerdings nahe kommen) und auf bräunlich- oder bläulichweißem Grund reichlich mit braunen Ober- und grauen Unterflecken bedeckt. Seine Angaben werden von denen MCNEILES (s. *S. melanocephala momus*) bestätigt, der die Eier von Mosul wärmer braun, nicht so grau gezeichnet findet wie *S. m. momus*. — k = 1,30. — NEHRKORNS Beschreibung bezieht sich anscheinend auf *Herbivocula schwarzi* (s. dort).

Sylvia conspicillata conspicillata. Wiederum ein ganz anderer, arteigener Färbungs- und Zeichnungstyp, unähnlich allen anderen *Sylvia*-Eiern: Wie eine Miniaturausgabe von *Motacilla flava*-Eiern, oft nahezu einfarbig blaßgrünlich-lehmfarben mit grauem Einschlag und mit geringem Glanz der meist spitzbreitovalen (k = 1,28) Schale. Diese ist auf grünlichgelbrahmfarbenem Grund vorwiegend ganz dicht übersät („gewässert") mit winzigen hell lehmbraunen Stippen, die meist sehr gleichmäßig überall verteilt und so verwaschen sind, daß sie sich bald noch eben deutlich vom ähnlichfarbigen Grund abheben, bald sich nur als blasseste Schatten andeuten. Bei frischen Eiern erscheint der grünliche Hauch merklicher. Man kann dann den Grund als grünlichweiß oder hellgraugrünlich bezeichnen, wie bei HARTERT, oder als grünlichgrau, wie im CAT. BRIT. MUS. In den älteren Sammlungen ist aber davon kaum etwas zu sehen. Graue Unterflecke können völlig fehlen, jedoch auch als blasse Schattenzone am breiteren Ende auftreten. Dort stehen überdies zuweilen etwas größere Fleckchen, grünlichgraue und braune. Durchscheinende Farbe grünlichweiß. Gesamteindruck grünlichlehmfarben wie bei *Lusciniola melanopogon*. Weder große noch dunkle Flecke. (Taf. 8, Fig. 3).

Sylvia conspicillata orbitalis und *bella.* Von vorigen nicht wesentlich verschieden, aber vielleicht im Zeichnungscharakter etwas abwechslungsreicher. Nach dem speziellen Bericht von Pater SCHMITZ (Z. f. Ool. 14, S. 113–6, 1904) trägt der hellgraugrünliche, nach D. A. & W. M. BANNERMAN (A history of the birds of Madeira ... Edinburgh, 1965, S. 81) auch gelblichweiße Grund teils sehr verschwommene, teils deutlichere graugelbe, schmutziggraue und braune Flecke, helle und dunklere, kleine und größere, manchmal als Kranz oder Kappe. — k = 1,29.

Sylvia cantillans inornata. Eier wie bei der folgenden Rasse. — k = 1,33.

Sylvia cantillans cantillans. Gestalt spitzbreitoval (k = 1,37). Glanz gering. Durchscheinende Farbe hell gelbgrün. Der Zeichnungscharakter erinnert an *Phylloscopus bonelli*, aber der Gesamteindruck ist fahler wegen des meist nicht so rein weißen Grundes, und weil die vielen überall verteilten, nach oben hin immer noch dichteren kleinen Fleckchen fast stets leicht verwischt sind, nicht so scharf abgesetzt wie beim Berglaubsänger. Die trübweiße Grundfarbe kann grünlich, graulich und selbst rosarahmfarbig gehaucht sein. Weniger oft sieht man ein reineres Weiß. Neben den graubraunen und lehm- oder kastanienbraunen, meist winzigen Fleckchen dominieren oft die zuweilen auch größeren bleigrauen Unterflecke, die häufig einen Kranz am stumpfen Ende bilden. Erythristische Stücke mit rötlichbrauner bis roter Zeichnung auf rosaweißem oder rötlichgelbbraun getöntem Grund sind eine seltene Ausnahme, waren aber z. B. im Museum Koenig und im Britischen Museum zu sehen. Die große Ähnlichkeit mit *S. mystacea*-Eiern wurde schon erwähnt. — k = 1,28.

Sylvia cantillans albistriata. Eier wie bei der Nominatform. — k = 1,31.

Sylvia deserticola (? *maroccana* und) *deserticola*. Nach HARTERT wie die *S. undata*-Eier, als diesen ähnlich auch bei KOENIG (s. HARTERT) beschrieben. Nach ETCHÉCOPAR & HÜE (Les oiseaux du Nord de l'Afrique. Paris, 1964, S. 479) dem grünen Typ der Vergleichsart gleich. Auf grünlichweißem Grund über die ganze Oberfläche oder mehr oben dicht und ziemlich kräftig mittelgrob olivbraun und grau gefleckt. Manche ähneln im Gesamteindruck Zwergeiern von *Acrocephalus scirpaceus* mit dunkelolivbraunen Flecken und grauen Punkten; andere klingen in der Färbung an dunkel und dicht gezeichnete grünliche Eier von *S. communis* und *Lanius senator* an. So sind auch NEHRKORNS Stücke, deren Abbildung aber zu grün geraten ist; denn die Flecke sind weniger dunkel olivgrün als graubraun. — k = 1,27.

Sylvia undata toni und *undata*. Vorwiegend spitzbreitovale (k = 1,32 bzw. 1,30) Eier von *S. cantillans*-Charakter, wenig oder gar nicht glänzend, mit auf trübweißem Grund mehr am stumpfen Ende dicht gelagerten feinen Punkten und sehr kleinen Fleckchen olivbrauner und aschgrauer Färbung, die oft in lockerem Kranz stehen. Trotz unter der Lupe deutlich lehmbrauner Frickel erscheinen die Eier wegen des Einflusses der Unterflecke im Gesamteindruck eher grau als braun getönt. In der Regel sind die Fleckchen nur wenig verwischt und auf der schlankeren Eihälfte dünn gesät, im Polgebiet zuweilen auch größer. Manche Stücke tragen auf mehr gelblichem Grund eine lebhaft braune Marmorierung, andere auf rosa gehauchtem eine aus bräunlichroten und schwarzgrauen Fleckchen gemischte Zeichnung. Immer bleibt viel freier Grund dazwischen. Durchscheinende Farbe blaßgrünlichweiß, bei erythristischen Exemplaren zart rosaweiß, also von der Außenfarbe beeinflußt.

Sylvia undata dartfordiensis. Nicht anders als die vorigen Eier. Fein braun getüpfelte Stücke mit blaßgrünem Grund, der zum Ausbleichen neigt, scheinen vorzuwiegen, Erythrismen sind nach BLAIR, Ool. Rec. 30, S. 15, 1965, selten. — k = 1,32.

Sylvia sarda balearica und *sarda*. Die wenig abändernden Eier der beiden Rassen unserer Liste stimmen überein und erscheinen für den kleinen Vogel recht groß. Sie sind dichter und oft gröber, auch mehr verwischt und fahler gezeichnet als die von *S. cantillans*, sonst diesen ähnlich. Die meist nicht ganz reinweiße Grundfärbung kann leicht grau oder gelblich bis grünlich gehaucht sein und erscheint über und über bedeckt mit bald sehr feinen, bald etwas gröberen, helleren oder dunkleren braungrauen, auf anderen Stücken olivbraunen oder olivgrünen Fleckchen, die zwischen einander nicht mehr vom Grund freilassen, als sie davon überdecken. Häufung am stumpfen Ende ist die Regel, und dort stehen kranzförmig oder als Kappe violettgraue, mehr oder weniger hervortretende Unterflecke. So möchte ich die 24 von Polatzek auf Formentera gesammelten Eier im Museum Wien kennzeichnen. Ähnlich beschreibt HENRICI (Beitr. Fortpfl. biol. Vögel 3, S. 16, 1926) die von ihm auf den Balearen gefundenen Exemplare.

WHITEHEAD (Ibis 1885, S. 34) hatte von Korsika gelblichweiße, dicht hellbraun gesprenkelte und am Ende schmutzig braun umringte Stücke, PAYN (Ool. Rec. 6, S. 70, 1926) von dort solche mit *Acrocephalus schoenobaenus*-Grund und einer Zeichnung wie bei *A. scirpaceus*, MULHOLLAND (Bull. Jourdain Soc. 8, S. 114—118, 1972) Serien, die wie kleine, warm braungelbe *S. communis*-Eier aussahen, und ADOLPH (ebenda 8, S. 113f., 1972) erythristische, die solchen von *S. undata* und *S. cantillans* ähneln. Der Schalenglanz ist meist gering, die durchscheinende Farbe grünlich- bis gelblichweiß, die Eigestalt kurzbreitoval (k =1,28). (Taf. 8, Fig. 4.)

Herbivocula schwarzi. Obwohl von manchen Systematikern zu *Phylloscopus* gestellt, zeigt diese Art oologisch keine Spur von Verwandtschaft mit dieser Gattung. Nach YAMASHINA (Journ. f. Orn. 86, S. 505, 1938) sind die Eier aus Korea und Sachalin weiß bis rahmweiß, im oberen Drittel mit nicht sehr dicht stehenden, ziemlich groben gelbbräunlichen Flecken besetzt, deren Ränder zum Teil etwas verwischt erscheinen. Eigestalt stumpfbreitoval (k = 1,30). YAMASHINA findet die Eier ähnlich denen von *Sylvia curruca*, die Stimme ähnlich der von *Acrocephalus bistrigiceps*. Gegenüber den von ihm (auch Tori 8, S. 310, 1938) angegebenen Maßen (D_4 = 17,6×13,5 mm, k = 1,30 und G = 1,65 g) sind die vier Bilder (Journ. f. Orn. 86, S. 506) erheblich zu groß (21,0×16,5 mm mit G = 2,74 g). Sie würden im Gesamteindruck daher eher zu grobfleckigen Eiern von *Lanius collurio* passen, im Zeichnungscharakter auch zu manchen von *Acrocephalus palustris*. Die Vollgewichtsangabe (Tori 8, S. 310) 1,50 g für die Maße 18×14 mm ist zu knapp, 1,80 g dürfte für diese Maximalgröße richtiger sein. In WITHERBY u. a. (Handbook of Brit. birds 2, London, 1940, S. 26) werden zwei Fünfergelege, die Smirnoff in der Mandschurei (in Echo) sammelte, unter Vorbehalt als einzig bekannte erwähnt; sie seien ähnlich denen von *Acrocephalus bistrigiceps*, fein und gleichmäßig überall ganz dicht mit bräunlich olivfarbenen, kleinen unregelmäßigen Stricheln und Fleckchen gezeichnet. k = 1,28. Zweifel erscheinen hier berechtigt.

Ein Gelege vom Ussuriland beschreibt SCHULPIN 1927 (s. WOROBIEW, Vögel des Ussurischen Kreises, Moskau, 1954, S. 22, russisch) als weiß mit blaßrostfarbenen Flecken und Punkten, die sich am stumpfen Ende häufen. WOROBIEW gibt als Maße: D_5 = 17,9×13,4 mm (17,7—18,5×13,3—13,5 mm).

[Hierher rechne ich auch ein Ei, das entsprechend der ursprünglichen Bestimmung im Manuskript bei *Sylvia mystacea* mit folgendem Text stand: „Dagegen kann NEHRKORNS Beschreibung seines aus der Nordmandschurei(!), aus Mergen, Bamberg leg., stammenden Stückes irre führen: Den *curruca* nahestehend. Die Flecke sind sehr groß und grauschwarz. Ich fand dieses Stück hinsichtlich der Färbung in der Mitte stehend zwischen *S. curruca* und *Acrocephalus scirpaceus*, mit dichten hellolivgelbbraunen und dunkelgrauen groben Flatschen am stumpfen Ende, im übrigen nur kleinen bräunlichen Fleckchen ($18{,}5 \times 13{,}2 = 0{,}105$ g, — $k = 1{,}40$), mir zweifelhaft." In der Liste trotzdem angeführt, wodurch $k = 1{,}33$ wird. Hrsg.]

Phylloscopus. Allen Laubsänger-Eiern ist neben der Neigung zu spitz breitovaler Gestalt eine weiße, auch weiß durchscheinende Schale gemeinsam, die nur bei *trochilus* oft rahmfarben gehaucht aussieht. Der vorwiegend mäßige Schalenglanz ist nicht selten verstärkt, besonders bei ungefleckten Eiern. Normalerweise bilden die recht konstante Zeichnung immer nur feine Punkte oder kleine Fleckchen mit Anhäufung nach oben hin. Die meisten berühren sich nicht, sondern stehen isoliert, auch wenn sie, wie bei *sibilatrix,* dicht gedrängt sind. Für alle Arten gilt ferner, daß, wenn überhaupt Unterflecke vorhanden sind, sich solche nur mittels Lupe erkennen lassen. Man findet sie noch am ehesten bei *sibilatrix, inornatus humei* und *proregulus,* sonst selten. Am reichsten oder dunkelsten gezeichnet erscheinen die Eier der mitteleuropäischen Arten und Rassen. Die deutschen Laubsänger (*Phylloscopus trochilus, collybita,* das Artenpaar *sibilatrix* und *bonelli* sowie *trochiloides*) geben ein gutes Beispiel dafür ab, wie einander sehr nahe stehende und recht ähnliche Vögel nicht nur ganz verschiedenen Gesang, sondern auch auf den ersten Blick leicht zu unterscheidende Eifärbungen besitzen können, was merkwürdigerweise auch für den iberischen Zilpzalp (*Ph. collybita brehmii*) zuzutreffen scheint. Die Eier der asiatischen Arten sind teils besonders zart, unauffälliger, teils überhaupt nicht gefleckt. Die ausnahmslos ungefleckten oder ganz selten etwas gefleckten Arten wurden in unserer Liste durch einen Stern (*) in der ersten Spalte kenntlich gemacht. Die weitere Beschreibung kann sich daher auf das Folgende beschränken.

Phylloscopus trochilus. Die Eier der vier Rassen unserer Liste stimmen überein, ändern aber, wenngleich nur in engen Grenzen, etwas mehr als bei *Ph. sibilatrix* und *Ph. collybita* ab. Grundfärbung oft nicht reinweiß, sondern rahmgelb gehaucht. Zeichnung hell oder dunkler rostrot, manchmal mehr fuchsig oder orange. Die nichtrundlichen Flecke sind innerhalb des Geleges auf der ganzen Oberfläche meist nahezu gleich groß; sie werden nach dem stumpfen Ende nur wenig größer und dichter; teils sind sie sehr dicht und winzig, teils locker verstreut und gröber, meist matt und leicht verwischt, seltener scharf markiert und dunkler, fast bis zur schwärzlichen *Ph. collybita*-Fleckenfarbe. Im Gesamteindruck, aus einiger Entfernung gesehen, wirken die Eier rosig überhaucht und nur blaß gefleckt, nicht so kalkweiß mit sehr dunkler Fleckung, wie bei *collybita, bonelli* und *sibilatrix.* Graue Unterflecke sind kaum je zu sehen. — $k = 1{,}27$. — Ähnlich bei manchen Meisen (*Parus*). — *Ph. trochilus eversmanni*-Eier, die Seebohm von Harvie-Brown aus dem Petschora-Gebiet erhielt, waren entgegen denen der Liste wie sehr kleine von *fitis.* (Taf. 8, Fig. 5.)

Phylloscopus collybita collybita. Auf reinweißem Grund stehen nur wenig dicht und hauptsächlich auf der breiteren Eihälfte meist rundliche feine bis mittelgroße, beinahe schwarze, dunkelpurpurbraune, miteinander gemischte Flecke und Punkte. Ausnahmsweise können es nur staubkorngroße Pünktchen sein, aber auch erheblich größere, die dann in der Regel an den Rändern brandfleckähnlich heller ausgelaufen sind. Zuweilen erkennt man unter der Lupe Spuren von grauen Unterflecken. Gegenüber *Ph. trochilus* ist die Grundfarbe kalkweiß, nicht getönt, die Punktierung spärlicher und durch ihren schwarzen Ton viel stärker kontrastierend. Anscheinend ist rot- oder purpurbraune Fleckung, oft mit violetter Unterfleckung in W-England und Wales stellenweise vorherrschend (Chriestie, Ool. Rec. 42, S. 79, 1968).

In Spanien aber fanden Jourdain & Lynes (Ibis 1928, S. 675) sogar nur heller rot gefleckte Stücke, die an *Ph. trochilus* heranreichen. (Die dortige, kaum von *collybita* zu unterscheidende Rasse *brehmii* singt auch wie *Ph. trochilus*. Hrsg.) — k = 1,26.

Auch von der Tibetform *sindianus* (k = 1,30) berichtet Baker über kühnere, nicht schwärzliche, sondern leuchtend rote Zeichnung. Bei *canariensis* gibt es nach Bannerman (1963, S. 226) gelegentlich kleine Flecke purpur- und rötlichbrauner Färbung, bei *abietinus* aber keine solche Abweichung, die manchmal bei *tristis* vorkommt. Normal sind all diese schwärzlich gefleckt, *lorenzii*-Eier nach Baker dunkel rötlichbraun. — k = 1,25—1,30, i. D. 1,28. (Taf. 8, Fig. 6.)

Phylloscopus neglectus. Gefleckte Eier wie bei *Ph. collybita sindianus*, nur kleiner. Witherby (s. Hartert u. Hartert-Steinbacher) fand auch ungefleckte. Nach Baker sind sie teils so, teils nur schwach und zart, teils auffälliger, mit dunkelrotbraunen Punkten und kleinen Spritzern, gezeichnet. — k = 1,29.

Phylloscopus bonelli bonelli u. *orientalis.* Ganz wie bei *Ph. sibilatrix.* Zartere, mehr verwischte und bräunlichere Fleckung, die angeblich unterscheiden soll, gibt es bei beiden Arten. — k = 1,30 bzw. 1,25. (Taf. 8, Fig. 7.)

Phylloscopus tytleri. In der Regel einfarbig reinweiße Eier, selten mit ein paar rötlichen Spritzern. — k = 1,31.

Phylloscopus sibilatrix. Über die ganze weiße Oberfläche dicht verteilte Punkte und kleine, sehr gleichmäßige Fleckchen, die meist in zwei Tönen auftreten und entweder dunkellederbraun oder mehr schwarzbraun (dunkelsepia) sind, lassen die Eier wie mit Pfeffer bestreut erscheinen. Zuweilen statt Punkten kurze Strichelchen. Ganz ähnlich bei *Ph. bonelli.* Beide Arten zusammen stellen einen besonderen, in der Gattung sonst nicht wieder vorkommenden Typ dar, nämlich den dichtest und dunkelst gezeichneten. — k = 1,29.

Phylloscopus affinis. Etwa gleich häufig reinweiß ohne Zeichnung oder mit vereinzelten, fast unsichtbar zarten, blaßrostroten, selten zahlreicheren Punkten. Zuweilen sind sämtliche Eier des drei bis sieben Stück zählenden Geleges ungezeichnet, selten alle leicht gefleckt. Meist finden sich einige reinweiße neben schwach punktierten und einzelnen etwas deutlicher gefleckten Eiern im selben Nest (Baker 1933 u. Schönwetter, Journ. f. Orn. 85, S. 532f., 1937). — k = 1,30.

Phylloscopus griseolus. Trüb braunrote Fleckchen auf weißem Grund, meist in breiter Zone am stumpfen Ende (BAKER). — k = 1,33.

Phylloscopus fuscatus fuscatus. Wie alle in unserer Liste durch einen Stern (*) kenntlich gemachte Arten hat diese Nordrasse ungefleckt reinweiße, glänzende Eier. — k = 1,32.

Phylloscopus (fuscatus?) fuligiventer. Wie besonders reich gezeichnete Eier von *Ph. affinis* (nach BAKER). Breitoval (k = 1,23). (Wenn das stimmt, muß betont werden, daß eine der beiden Zwischenrassen in N-Szetschwan über der Nominatform wohnt und daher die Eingliederung der früheren Art *fuligiventer* in *fuscatus* überprüft werden muß. Dabei würde der Ootoge für Trennung eintreten. Hrsg.)

Phylloscopus armandii armandii. Nach PRZEWALSKI (s. HARTERT und BAKER) weiße Eier mit kleinen rötlichen Flecken. — k = 1,27.

Phylloscopus pulcher pulcher u. *kangrae, inornatus inornatus* u. *humei, subviridis, proregulus proregulus, p. chloronotus* und *p. simlaensis.* Von diesen Arten sind nur deutlich, wenngleich meist recht zart rötlich oder rotbraun gefleckte Eier bekannt, zuweilen mit einem Ring am stumpfen Ende. Bei *inornatus humei* und ähnlich bei *proregulus* sieht man in den Sammlungen mehr dunkler purpurbraune und graubraune, zum Teil fast schwärzliche Punkte in einem Kranz mit vereinzelten aschgrauen Unterflecken dazwischen. — k = 1,27—1,34.

Phylloscopus borealis talovka (früher *borealis*). Die einzige Art mit gefleckten Eiern bei den früher als *Acanthopneuste* vereinigten Arten. Nach PLESKE (s. HARTERT) ähnliche Eier wie bei *Ph. trochilus*; jedoch größere, reinweiße und über das ganze Ei hell rostrot fein gesprenkelte. Die Gelege im Britischen Museum haben teils kleine rosa Punkte wie beim Zanukönig (*Troglodytes troglodytes*), teils größere hellfuchsige, teils runde kastanienbraune Flecke, bald in geringer, bald in größerer Anzahl. Meiseneier (*Parus*) sind ähnlich, besitzen aber nicht den Orange-Ton der *borealis*-Zeichnung. CARPELAN (Orn. Mon. ber. 38, S. 120, 1920) erwähnt ein Ei mit einem 1 mm breiten rotbraunen Streifen rund um das stumpfe Ende, der angeblich für diese Art besonders charakteristisch sein soll. Dabei handelt es sich aber offenbar nur um eine zufällige Abweichung. — k = 1,29. (Taf. 8, Fig. 8.)

Phylloscopus borealis kennicotti. Ziemlich gleichmäßig verteilte, weinrote Fleckchen in zwei Tönen. — k = 1,30.

Phylloscopus borealis xanthodryas. Die wohl durchweg von ALAN OWSTON in Yokohama stammenden Eier in den Sammlungen Nehrkorn, v. Treskow, Domeier, Baker und in der meinen fallen zum größten Teil durch ihre bedeutendere Größe und ihre spärliche, kaum sichtbare blasse und zarte braune Fleckung auf. Verwechslung könnte mit dem japanischen Zaunkönig (*Troglodytes troglodytes fumigatus*) vorliegen; aber auch bei diesem sind so große Eier nicht wahrscheinlicher zu erwarten. — k = 1,28.

Phylloscopus magnirostris. Diese ungefleckt reinweißen Eier seien als die größten der Gattung erwähnt und als die mit dem größten Achsenindex (k = 1,38).

Wie diese, so sind auch die Eier aller folgenden *Phylloscopus*-Arten unserer Liste ungefleckt reinweiß und schwach glänzend, also bei den schon früher meist zu *Phylloscopus* gestellten *Ph. trochiloides* (5 Rassen), *nitidus, tenellipes, occipitalis, (occipitalis?) coronatus, ijimae, reguloides* (3 Rassen) und *davisoni.* — k = 1,23 bis 1,35. YAMASHINAS Vollgewicht (Journ. f. Orn. 86, S. 500, 1938) für *tenellipes* (1,5 g) ist zu groß, da nach seinen Maßen selbst das Maximum nur 1,30 g sein kann.

Phylloscopus cantator, trivirgatus ricketti, t. trivirgatus, t. sarasinorum und *t. guilianettii.* Diese zwei früher unter *Cryptolopha* (= *Seicercus*) geführten Arten werden gemäß HARTERT und anderen hierher gestellt. Auch sie legen ungefleckt weiße Eier. — k = 1,22 bzw. 1,30, 1,33, —, 1,38.

Seicercus (= *Cryptolopha,* jetzt oft zu *Phylloscopus*). Außer *ruficapilla, laetus* und *umbrovirens,* die gleich gesondert besprochen werden, brauchen die Arten der Liste hier nicht erwähnt zu werden, da alle bekannten Arten dieser Gattung milchweiße, ungefleckte Eier von meist etwas zugespitzt breitovaler Gestalt mit feinem Seidenglanz haben. Die Schalen scheinen auch weiß durch. — k meist = 1,21—1,35.

Die Eier von *Seicercus* unterstützen die Verschiebung dieser Gattung von den Muscicapidae zu den Sylviidae (*Phylloscopus*), zumal es bei den Muscicapidae fast keine ungefleckten, weißen Eier gibt. Die obige Kennzeichnung von *Seicercus* stimmt nicht, wenn man, wie es heute manchmal geschieht, *Abroscopus* und *Tickellia* damit vereint. Übrigens ist sogar eine Vereinigung aller Formen der drei Gattungen mit *Phylloscopus* in Sicht.

Seicercus ruficapilla minullus. Nach MOREAU (Ibis 1937, S. 327) fand Baldock weiße, im frischen Zustand nelkenrötliche Eier mit kleinen roten Flecken, die also wie die der nächsten Rasse aussehen.

Seicercus ruficapilla (johnstoni?). Nach PRIEST (Eggs of birds breeding in Southern Africa, Glasgow, 1948, S. 91) reinweiß mit sehr wenigen bräunlichen Fleckchen oben. — k = 1,36.

Seicercus ruficapilla ruficapilla oder *voelckeri.* Nach ROBERTS (1957, S. 359) blaß nelkenrötlich mit hellroter Fleckung und Sprenkelung. Wegen der kleinen Maße: 15,1×11,0 und 16,4×12,5 in der Liste nicht berücksichtigt.

Seicercus umbrovirens umbrovirens. Die drei Eier, die v. ERLANGER (Journ. f. Orn. 53, S. 684, 1905) sammelte, haben auf schön glänzendem, rahmweißem Grund blaß ziegelrote Kleckse und Punkte, hauptsächlich am stumpfen Ende, aber auch sonst einige. Ähnlich reichlich rötlich gezeichneten *Phylloscopus*-Eiern. — k = 1,35.

Seicercus umbrovirens mackenzianus. Nach PRAED & GRANT (1955, S. 389) weiß oder rötlichweiß mit kleinen rostroten Flecken, die gelegentlich eine Kappe am stumpfen Ende bilden. — k = 1,35.

Seicercus umbrovirens alpinus. Nach OGILVIE-GRANT (Trans. Zool. Soc. London 19, S. 407, 1910, s. BELCHER) weiß, ziemlich lang zugespitzt, überall lichtrot und lavendelgrau gefleckt, besonders am stumpfen Ende. — k = 1,40, so gestreckt sind *Seicercus*-Eier in der Regel nicht.

Seicercus laetus laetus. PRIGOGINE (Rev. Zool. Bot. Afr. 46, S. 257, 1961) fand rahmweiße Eier mit kleinen rötlichbraunen Flecken, die am stumpfen Pol gehäuft sind. — k = 1,38.

Abroscopus superciliaris albigularis (= *Abrornis;* = *Seicercus*). Zwei Typen. Der eine ähnelt dem von *A. schisticeps,* indem auf glattem, rosaweißem Grund fuchsige bis rötlichbraune und einige purpurgraue Frickel oder kräftigere Fleckchen, überall ziemlich dicht, besonders aber am breiteren Ende stehen. Der andere Typ ist entweder einfarbig mitteldunkel ziegelrot bis zum Farbton der hellen Varietät von *Cettia cetti* oder fast so, wenn nadelstichgroße Pünktchen und verloschene Tüpfel den Grund so gut wie vollständig verdecken. Der erste Typ erinnert an reich gezeichnete Eier unseres *Phylloscopus trochilus,* für den zweiten ist, wenn er punktiert ist, schwer ein Vergleichsobjekt zu finden. Bei ihm weist das Schalenkorn dichteste feinste Grübchen wie bei *Hippolais* auf. Der Glanz ist mäßig, die Innenfarbe gelblichrosaweiß. — k = 1,35.

Abroscopus superciliaris superciliaris. Nach BAKER sind die drei Eier eines von BINGHAM in Tenasserim gefundenen Geleges nelkenrötlichweiß mit rotweinfarbenen Flecken. — k = 1,35.

Abroscopus superciliaris schwaneri. Am Kina Balu auf Borneo gesammelte Eier sind weiß mit dichter mahagonifarbener Ober- und purpurgrauer Unterfleckung, die sich um das stumpfe Ende häuft (nach GIBSON-HILL 1950 aus SMYTHIES, The birds of Borneo, Edinburgh, 1960, S. 433). — k = 1,33.

Abroscopus superciliaris vordermani. Nach HOOGERWERF (1949) rosaweiß, oben mit dichten feinsten rosaroten Punktfleckchen, die sich nach unten verlieren. Breitspitzoval (k = 1,25).

Abroscopus schisticeps schisticeps und *flavimentalis* (= *Abrornis*). Wie im wesentlichen bei allen Eiern der Gattung zugespitzt breitovale Gestalt (k = 1,32 bzw. 1,37), weißer bis rötlichweißer Grund, mäßig glänzend, dicht besetzt mit kleinen und etwas größeren rosaroten, rostroten bis rötlichkastanienbraunen und vereinzelten hell lilagrauen Spritzern oder Wischern, die nach oben hin gedrängter stehen und dort zuweilen eine Kappe oder lockere Zone bilden. Ob auch einfarbige, ungefleckte Eier wie bei der vorigen Art vorkommen, ist unbekannt.

Abroscopus albogularis albogularis. Variabel wie *A. superciliaris albigularis.* NEHRKORNS Stücke haben ziemlich große, dunkel braunrote Flecke auf weißem Grund. Breitspitzoval (k = 1,25).

Abroscopus albogularis fulvifacies. Nach LA TOUCHE vor dem Ausblasen lachsfarben (wohl beeinflußt vom durchscheinenden Dotter), dann rosaweiß mit etwas längs gerichteten, kurzen Stricheln oder schmalen Blattern. Die karminrote Zeichnung bildet zuweilen einen durch violettgraue Unterflecke verdunkelten

Kranz am stumpfen Ende, der sich nach unten hin auflöst. Nehrkorns Exemplare gleichen denen der Nominatform, sind aber vielleicht etwas weniger dunkel, mehr fuchsig. Solche fuchsrote, etwas verwischte Strichel hat auch ein Gelege aus Kuatun im Museum Koenig, Bonn, wobei etwa die Hälfte des weißlichen Grundes zwischen der ziemlich gleichmäßig verteilten Zeichnung frei bleibt. Ein anderes dortiges Gelege trägt etwas gröbere, schärfer ausgeprägte, nichtgestrichelte Flecke neben deutlichen, mittelgroßen rötlichgrauen Unterflecken, die durch jene zum Teil überdeckt werden, unregelmäßig verteilt sind und mehr als die Hälfte des weißen Grundes zwischen sich frei lassen. Ebenso ist mein Gelege aus Kuatun, relativ grob dunkel fuchsig und grau, oben dicht, am stark zugespitzten Ende nur zart und locker gezeichnet. Sehr dunkel und reich gefleckte Zwergeier von *Phylloscopus trochilus* würden ähnlich aussehen. Nach Yamashina (Tori 9, S. 431—469, 1937) blaßlachsrosa mit rötlichbraunen und graubraunen Frickeln überall, zuweilen mit Kranz. — k = 1,29.

Tickellia hodgsoni hodgsoni (= *Abroscopus;* = *Seicercus*). Nach Osmaston (1904, s. Baker) wenig glänzend, blaß scharlachrot mit kleinen, dunkel weinroten Fleckchen und Spritzern besonders am stumpfen Ende. — k = 1,35.

Orthotomus sutorius (= *Sutoria*). Bei allen Rassen dieser Art und ihrer Verwandten ziemlich glänzende Eier mit Neigung zu länglich spitzovaler Gestalt (k = 1,40, Rassen 1,33—1,41) und starker Variation in der Färbung. Wahrscheinlich kommen dieselben Abänderungen bei allen vor, wie solche sich ähnlich auch bei *Cisticola* finden. Im Gegensatz zu *Cisticola* wurden aber weder ungefleckte weiße Eier noch lebhaft blaue beobachtet (Baker 1933, S. 372). Grundfarben: weiß, rein oder rahmfarben bis zart rosa gehaucht, grünlichweiß, bläulichweiß, ganz blaß blaugrün und reinleuchtend blau. Die in verschiedenen rötlichen (mehr bei rötlich getöntem Grund) bis kastanienbraunen (mehr bei bläulichem Grund) und purpurschwarzen Tönen gehaltene Zeichnung kann sich in lockeren zarten Spritzern bis mittelgroßen Fleckchen über die ganze Oberfläche hinziehen oder in Form von kleinen Blattern bis wolkigen Wischern am breiteren Ende zusammendrängen, auch dort einen Ring bilden. So dichte Frickel wie etwa bei *Franklinia* (jetzt zu *Prinia* gezogen) kommen nicht vor, auch keine grauen Unterflecke; es überwiegen spärliche, blaßrötliche oder fuchsige Flecke, ohne dunklere auszuschließen. Die durchscheinende Farbe ist wie die des Grundes. Nach Baker (1933, S. 374) gibt es bei *O. s. longicauda* in der Gegend von Hongkong 4 blaugrundige Eier auf 1 weißes oder rötlichweißes, dagegen bei den Rassen *guzurata, sutorius* und *patia* in Indien und Burma nur 3 blaue auf 2—3 weiße oder rötlichweiße. Für die Java-Rasse *edela* führen Hellebrekers & Hoogerwerf (1967) sogar nur bläuliche bzw. blaugrünliche Grundfärbung an, auf der ziemlich grobe bräunliche bis purpurne Flecke stehen.

Orthotomus atrogularis nitidus. Ganz wie bei *O. sutorius.* Baker hält die Zahl der weißgrundigen Eier bei dieser Rasse für besonders hoch. Auch bei Nehrkorn weiß mit fuchsigen Flecken, im Britischen Museum ebenso mit spärlichen hellroten und grauen, relativ groben und nahezu gleichgroßen Blattern. — k = 1,35.

Orthotomus atrogularis atrogularis. Baker (1933, S. 376) erhielt aus Thailand fast nur blaugrundige Eier. — k = 1,34.

Orthotomus atrogularis chloronotus. Von Whitehead gesammelte Eier des Britischen Museums (OGILVIE-GRANT & WHITEHEAD, Ibis 1898, S. 240) sind auf reinweißem Grund ziemlich reichlich mit braunen und blaßlilarötlichen kleinen Fleckchen besetzt; sie klingen entfernt an Typen von *Phylloscopus collybita* an. — k = 1,33.

Orthotomus atrogularis derbianus. Wie *O. sutorius.* KUTTER erwähnt gelbgrünlich durchscheinende, schwach rötlichgelb gehauchte Eier mit gelbroten, meist etwas verwischten Oberflecken und dazwischen grauvioletten Unterflecken sowie dichterer Zeichnung am stumpfen Ende. — k = 1,40.

Orthotomus atrogularis frontalis. Die nur in der Nehrkorn-Sammlung gesehenen Eier sind weiß mit nur wenigen, markierten schwarzbraunen Punkten. — k = 1,45.

Orthotomus sericeus hesperius. Nach NEHRKORN außerordentlich variabel wie bei allen *Orthotomus*-Arten. Rötlichweiß oder blaugrün mit fuchsigen größeren und kleineren, namentlich am stumpfen Ende vereinigten Flecken oder weiß mit tiefrostbraunen, scharf begrenzten Fleckchen. Nach BAKER überwiegen blaugrundige Eier 3:1 über die weißgrundigen, was aus der Beschreibung von Malakka-Eiern bei HOOGERWERF (1949, S. 214) nicht so klar hervorgeht. — k = 1,38.

Orthotomus sepium borneonensis u. *s. sepium.* Nach BERNSTEIN (Journ. f. Orn. 7, S. 265, 1859) sind Eier von *s. sepium* glänzend weiß mit kleinen bräunlichroten Flecken. Nehrkorns *s. sepium*-Stücke haben überdies einige schwarzbraune Tüpfel. Nach HELLEBREKERS & HOOGERWERF (1967, S. 127f.) ist *s. sepium* so variabel wie *Phylloscopus trochilus,* weiß oder blaß rahmfarben, Fleckung und Flatschung ziemlich spärlich, rötlichbraun, gelegentlich purpurbraun, bei einigen in einer Zone; ein Gelege ungefleckt weiß. Einige weniger gefleckte ähneln *Cisticola juncidis,* andere mehr *Aethopyga mystacalis* oder *Parus major.* Graue oder graulila Unterflecke kommen vor. Zonen- oder Kappenbildung gibt es am stumpfen Ende sowohl dicht und fein als auch sehr grob geflatschter Eier. — k = 1,46 bzw. 1,44. (Taf. 8, Fig. 9.)

Phyllergates cucullatus coronatus (auch zu *Orthotomus*). NEHRKORNS Stücke sind „weiß mit feinen mattbraunen und rostbraunen, begrenzten und verwischten Flecken, welche am oberen Drittel gehäufter stehen.“ Ähnlich sind teilweise BAKERS Eier, die ihm zugetragen wurden, wie schwach gezeichnete, abgewaschene von *Orthotomus sutorius,* weiß, verloschen blaß rötlichbraun geblattert. Nach BAKER (1933, S. 466) auch rot oder blau getönt. — k = 1,36.

Phyllergates cucullatus cucullatus. NEHRKORNS bläuliche Stücke mit mattroten Flecken (16×11 mm) erkannte BARTELS (Orn. Mon. ber. 32, S. 110, 1924) als *Orthotomus sutorius edela.* Nach HOOGERWERF (1949, S. 210) verdecken stark verschwommene, blaß rotbraune Fleckchen verschiedener Größe und Gestalt den kaum als schmutzigweiß, trüb- oder purpurfleischfarben (nach HELLEBREKERS & HOOGERWERF 1967) erkennbaren Grund vollständig. Spitzovale Form (k = 1,32).

Die beiden *Phyllergates*-Formen stehen jetzt wieder oologisch richtig zwischen *Orthotomus* und *Cisticola,* wie schon im CAT. BRIT. MUS., während SHARPE

(1899—1912) sie trotz ihrer vollkommen anderen Eier zwischen der *Horeites*-Gruppe von *Cettia* und *Cettia cetti* einreihte. Geschah das nur darum, weil *Phyllergates* 10 statt 12 Schwanzfedern (*Orthotomus*) besitzt?

Cisticola. In der Supplement-Nummer des Ibis von 1930 „Review of the genus *Cisticola*" geht LYNES auch auf die Oologie dieser Gattung ausführlich ein. Später gibt er Nachträge dazu (z. B. LYNES & SCLATER, Ibis 1934, S. 1—51). Weil dabei nicht nur das Ergebnis eigener Funde, sondern auch das meiste von dem berücksichtigt wurde, was in anderen Sammlungen und im Schrifttum zuverläßlich zu erfahren war, konnten sich die folgenden Ausführungen ganz wesentlich auf jene große Arbeit stützen. Außer den von mir hinzugefügten Schalengewichten, Schalendicken, Frischvollgewichten und relativen Schalengewichten blieb nicht viel zu ergänzen, nämlich nur die fehlende Beschreibung einzelner Arten (*cinereola, rufa*) und eine Anzahl Maße, ferner Zusätzliches, was Färbung und Zeichnung betrifft, wenn darüber im einzelnen Fall anderwärtig ausführlicher als bei LYNES berichtet war, insbesondere bei NEHRKORN, KUSCHEL (1895), CAMPBELL, NORTH, v. ERLANGER 1905, BELCHER 1930, JAMES 1925, JOURDAIN & SHUEL (Ibis 1935, S. 623—663, Ibis 1938, S. 238—240), HOESCH & NIETHAMMER (1940) sowie in den Notizen aus der eigenen Sammlung und aus fremden.

Die meisten *Cisticola*-Eier tragen auf weißem oder hellem bis dunklem bläulichen Grund, soweit sie nicht ungefleckt sind, feine braune Pünktchen oder kleine Fleckchen, die locker überall verstreut oder am oberen Ende verdichtet sind. Bei einigen Arten zeigt sich eine gröbere Blattern-Zeichnung als Kranz oder Kappe, nicht gerade häufig mit einzelnen lilagrauen Unterfleckchen dazwischen. Ein dritter Zeichnungstyp hat nur staubkorngroße Pünktchen, ein vierter gleicht Eiern der *Prinia*-Arten, die früher *Burnesia* hießen, durch schwere braunrote Pigmentierung. Infolge der verschiedenen Anordnung der Punkte und Flecke, ihrer Dichte, Größe, Gestalt und Färbung besteht eine bedeutende Abänderung im Aussehen, bei vielen Arten sogar innerhalb derselben Rasse. Einen ganz aus der Reihe springenden immer erythristischen Typ stellen *C. galactotes* in allen ihren Formen und *C. carruthersi* dar mit dunkel braunrötlich oder rötlichlachsfarben, auch terrakottrot über die ganze Oberfläche marmorierten Eiern, die zum Teil an *Cettia cetti*-Eier erinnern.

Nichts Besonderes bieten die den verschiedenen Vogelgrößen normal entsprechenden Dimensionen der Eier, ihre zum Breitoval neigende, zugespitzte Gestalt und ihr vorherrschend nur mittelstarker Glanz, der seinen höchsten Grad bei den ungefleckten Eiern aller (außer den 2 folgenden?) Arten und bei den immer gefleckten von *C. galactotes* und *C. erythrops* erreicht, bei den *natalensis*-Formen aber meist fast gänzlich fehlt.

Als durchscheinende Färbung erblickt man hier stets einen blassen Ton der Grundfärbung.

Wischer als Oberflecke sind selten; denn diese erscheinen so gut wie immer scharf ausgeprägt. Fleckenfarben sind verschiedene rote und braune Töne, helle und dunkle bis schwarze. Immer bleibt der größte Teil der Oberfläche frei, sei es zwischen den Punkten oder, wie bei den bekränzten Stücken, überhaupt außerhalb des Kranzes. Ganz so überreich und auffallend grob gezeichnete Eier wie z. B. bei *Prinia inornata* kommen bei *Cisticola* nicht vor, wohl aber ziemlich kühne Blattern bei *C. cantans muenzneri, C. aberrans, C. ruficeps, C. brachyptera katonae* und *bailunduensis*, *C. juncidis malaya*, *C. exilis* im Gegensatz zu der weit überwiegenden zarten Zeichnung. Haarlinien fehlen. Andere Typen beider Gattungen, wie auch solche von *Orthotomus*, können ziemlich ähnlich sein und deuten damit offenbar Verwandtschaft an. Anscheinend ist aber die Schale bei *Prinia* ein wenig dicker als bei *Cisticola*, *Orthotomus* und *Phylloscopus*, dort ist das Rg-Mittel = 6,0%, hier 5,2%.

Von den 154 *Cisticola*-Rassen, die LYNES (1930) anführt, und 22 weiteren, die man den Listen von WHITE (1962) und WYNNE (Key-list of the palaearctic and oriental passerine birds, Arbroath, 1956) entnehmen kann, sind mit ihren Eiern immerhin die 119 in unserer Liste angegebenen bekannt, viele allerdings nur in wenigen Exemplaren. Ohne Kenntnis des Fundorts sind die meisten Zistensänger-Eier, jedenfalls die Afrikas, nicht zu bestimmen, und weder Fundort noch beiliegendes Nest noch beim Nest beobachteter Vogel — außer dem brütenden Weibchen hält sich dort mancher andere auf! — bieten Gewähr für sichere Ansprache. Wegen des noch längst nicht ausreichenden Materials für die Frage der geographischen Variation beschränkte sich LYNES (1930) in dieser Beziehung auf kurze Andeutungen, so bei folgenden Arten und Rassen:

juncidis: In Europa hat *j. cisticola* stark variante Eier. Nicht erwähnt ist, daß auf den Balearen nur ungefleckte weiße und bläuliche Eier gefunden wurden. Die *j. cursitans*-Eier Indiens variierten wenig und sind fast immer zart gefleckt mit unauffällig getöntem weißlichen Grund. In Thailand (*j. malaya*) aber sind sie reicher und gröber gezeichnet. Chinesische (*j. tinnabulans*) und japanische (*j. brunniceps*) sind nur als auf weißem Grund dunkelbraun gefleckt bekannt. Südafrikanische Eier (*j. perennia* und *j. terrestris*) ändern wie die aus Europa ab, sind aber seltener ungefleckt.

exilis: Durch bei den Rassen (außer stellenweise bei *lineocapilla*?) recht konstante, grobblattrige Zeichnung in Kranzform, tiefen blauen Grund und stärkeren Glanz von den meisten anderen Arten stark verschieden.

lais: l. lais und *monticola:* In Natal nach ROBERTS beträchtlich variant, ähnlich *C. juncidis cisticola*; dagegen *lais semifasciata:* Nach BELCHER im Niassaland sehr konstant, gut gefleckt auf bläulichem Grund.

cantans: c. cantans: Nordafrika. Einfarbig blau oder zart bis gröber gefleckt; dagegen *c. pictipennis:* Keine ungefleckten Eier, nur zart gefrickelte oder fein gefleckte im Gebiet um den Norden des Tanganjika-Sees; ferner *c. muenzneri:* Weiße und blaue Typen immer mit kühnen, scharf begrenzten Blattern, im Gebiet um den Süd-Tanganjika.

galactotes: In Südafrika (*g. galactotes*) tief terrakott oder ziegelrot, sehr ähnlich gut gefärbten Eiern von *Cettia cetti*, praktisch einfarbig. In Zentral-Afrika (nördliche *g. galactotes* zum Teil, *g. luapula* vom Bangweolo-See, *g. suahelica*) zwar ähnlich, aber nicht so tief rot und meist kräftig rot bis rotbraun gefleckt, zum Teil *Pycnonotus*-artig. In Abessinien (*g. lugubris*) am wenigsten rot, selbst fast weiß oder sandgelb. Bei allen Formen aber keine Spur von Grün oder Blau. (Abbildung von 3 Farbtypen dieser Art s. Thomson, A new dictionary of birds. London, 1964, Taf. 43.)

natalensis: Anscheinend einzige Art mit fast ausschließlich glanzlosen Eiern, sonst variant wie *juncidis cisticola,* wenn man die Beschreibungen von LYNES, SWYNNERTON, BELCHER und ROBERTS zusammenfaßt.

Weitere Vergleiche ermöglicht die folgende Einzelbeschreibung, die wie gesagt, im wesentlichen LYNES (1930, 1934) folgt.

Cisticola erythrops erythrops. Stark glänzende, manchmal etwas länglichovale (k = 1,34) Eier. Stark variant. Von den beiden Haupttypen trägt der eine auf schön blaugrünem oder grünlichweißem Grund ziemlich große Flecke und kühne Blattern in Blaßrot, Rötlichlila und Lilagrau, entweder über die ganze Fläche verteilt oder am stumpfen Ende gehäuft. Der andere Typ ist auf rahmfarbenem Grund über und über so dicht mit sehr zarten, heller rotbraunen oder rostroten, mit wenigen grauen gemischten Frickeln bedeckt, daß beinahe keine Stelle frei bleibt, insbesondere nicht in dem fast immer vorhandenen dunklen Fleckenring des oberen Polbereichs. Diese Varietät erinnert an *Cisticola woosnami schusteri,* an *Prinia polychroa* und *Saxicola torquata rubicola.* Eine Spielart des ersten Typs mit saftig blaugrünem Grund kann in der Färbung kontrastreich gezeichneten Eiern von *Pyrrhula pyrrhula* nahekommen mit ihren nicht sehr großen, unregelmäßig geformten und locker stehenden braunen und grauen Flecken, über die da und dort schwarzbraune Punkte nebst kleinen Tüpfeln verstreut sind. Sowohl bei weißgrundigen, als auch bei grüngrundigen Stücken kommt es vor, daß die unzähligen, winzigen Frickel zu wenigen großen, verwaschenen braunen Flatschen zusammengeflossen sind, was etwas anomal erscheint. Auch gibt es Exemplare mit rahmfarbenem Grund, bei denen das obere Viertel von einem breiten Band gröberer, fuchsig brauner Flecken umgürtet ist, wodurch sie Eiern von *Erithacus rubecula* mit dunklem, starkem Fleckenkranz ähneln. Also fast unglaublich variant, aber nie ungefleckt. BATES bildet sieben gänzlich verschiedene Typen ab, Varietäten eines Grundtyps (BATES & OGILVIE-GRANT, Ibis 1911, S. 613 u. Taf. XII, siehe auch OGILVIE-GRANT, Ibis 1909, S. 67f.) (Taf. 8, Fig. 10.)

Cisticola erythrops sylvia. In jeder Beziehung wie bei der Nominatform. Nach PRIGOGINE (Ann. Mus. Afr. Centr. 8°, Zool. 185, S. 155, 1971) steht grob rostbraune oder schwärzliche Fleckung auf hellgrünem Grund. — k = 1,36.

Cisticola erythrops nyasa. Wie *e. erythrops* stark abändernd und glänzend, nach BELCHER jedoch niemals *C. cantans* ähnlich. Grundfärbung weiß oder grünlichweiß bis prachtvoll tief blaugrün. Die rötliche Zeichnung, teils feine Frickel, teils schwere Blattern, neigt stark zur Zonenbildung. Grünlichblauer Grund scheint dominant zu sein. — k = 1,36.

Cisticola cantans swanzii. Nach SHUEL (Ibis 1938, S. 238) weiß, überall spärliche rotbraune Sprenkel und lila Unterfleckchen, die oben dichter stehen. Glänzend. Zugespitzt. — k = 1,46.

Cisticola cantans cantans. Manche einfarbig blaß türkisblau. Auf gleichem Grund haben andere ziemlich gut verteilte kleine rötliche oder kühne große dunkelrote Flecke. — k = 1,34. — Häufiger Wirt des Brutparasiten *Vidua macroura.*

Cisticola cantans belli. Rahmweiß mit braunroten Flecken, die nach PRIGOGINE (Rev. Zool. Bot. Afr. 44, S. 256, 1961), am stumpfen Pol dichter stehen und dort eine Zone bilden. — k = 1,30.

Cisticola cantans pictipennis. In einer stattlichen Serie von 50 Eiern der Sammlung van Someren waren nach LYNES (1930) keine einfarbigen Eier, auch keine mit größeren Blattern. Es fanden sich nur feine Frickel, Spritzer, kleine Flecke und gelegentliche Strichel in Rotbraun bis Purpur neben grauen Unterfleckchen. Aber SERLE (Ibis 1943, S. 71) fand außer 3 dieser Beschreibung entsprechenden Dreiergelegen ein sehr blaß grünes mit unauffälliger blaßlila Marmorierung nahe dem stumpfen Pol und eins, das auf rahmbraunem Grund dicht und fein rötlichbraun gesprenkelt und geblattert ist und lila Unterflecke trägt. — k = 1,41.

Cisticola cantans muenzneri. Nach BELCHER besonders in der Zeichnung wenig abändernd, die fast nur in kühnen, rundlichen, auf der oberen Eihälfte gut verteilten Blattern brauner und grauer Farbe besteht, auf weißem bis gelegentlich bläulichem Grund. Nach CHUBB (Ann. Durban Mus. 1, S. 78, 1914) auf sehr blaß blauem Grund in ziemlich groben, rötlichbraunen und graublauen Flecken. Zuweilen auch blaßgrüne Stücke mit großen, unregelmäßigen, heller braunen Flecken, beinahe ohne kleinere Flecke. Ein Zweiergelege mit blaßkastanienrotem Fleckenring um den stumpfen Pol erwähnt JAMES (1970). Geringerer Glanz scheint vorzuherrschen. — k = 1,38. — Gegenüber *C. c. cantans* und *C. c. pictipennis* zeigt sich (wie schon S. 599 gesagt wurde) eine klare geographische Variation der Färbung (LYNES 1930).

Cisticola woosnami schusteri. Charakterisiert durch staubförmig feine, teils lehmfarbene, teils rostrote, dunkelbraune und purpurne Pünktchen und sehr kleine Fleckchen, die sich von einem ziemlich blassen, in SCHUSTERS Zweiergelege (Ornith. Mon. ber. 22, S. 94, 1914) wohl mehr hervortretenden, da dort als „hübsch" bezeichneten Ring am oberen Ende aus nach unten hin stark auflockern und dann ganz verlieren. Es sind recht helle Eier mit nur wenig Glanz der kaum merklich blau gehauchten Oberfläche. — k = 1,41. — Ähnlich erscheint ein Typ bei *C. fulvicapilla* und *C. aberrans* mit k = 1,34 und k = 1,39.

Cisticola woosnami woosnami. — Merkwürdig langgestreckt (k = 1,53).

Cisticola woosnami lufira. Blaßblau mit verstreuten Punkten, Frickeln, Fleckchen und kleinen Blattern, die hell bis dunkler rot und grau sind. — k = 1,35.

Cisticola lateralis lateralis. — k = 1,32.

Cisticola lateralis antinorii. Glanzlos weiß mit zahlreichen kleinen, rostroten Frickeln und Fleckchen, die am stumpfen Ende dichter stehen. Andere sind einfarbig blaß türkisblau oder tragen weitläufig verstreute dunkel purpurne, nur staubkorngroße Punkte. — k = 1,31.

Cisticola lateralis vincenti. Nach LYNES & SCLATER (Ibis 1934, S. 26) kräftig mit roten und grauen kühnen Fleckchen sowie kleinen Blattern gefleckt; es kommen aber auch andere Eier vor (LYNES 1930). — k = 1,48.

Cisticola bulliens. LYNES & OSMASTON (LYNES, Ibis 1930, Suppl., S. 320) fanden vier recht verschiedene Gelege zu je drei Eiern: 1. leuchtend türkisblau, gut gezeichnet mit feinen weinroten und dunkel purpurnen Fleckchen, 2. grünlichblau, verloschen rostbraun gut geblattert, 3. weiß mit zahlreichen roten und schokoladenbraunen Pünktchen und Fleckchen, 4. ganz blaß grünlichblau, gegen das dickere Ende hin sehr zart und dicht weinrot punktiert. Ungefleckte wurden nicht gefunden. — k = 1,35.

Cisticola anonyma. Nach KUSCHEL und NEHRKORN grün bis ziemlich tief blaugrün mit markierten hell- und dunkelbraunen oder rotbraunen Spritzern und rundlichen Flecken, die überall lose stehen, zum Teil aber am oberen Ende dichter. Manchmal einige violette Unterfleckchen. Längliche Gestalt, am schlankeren Ende nur wenig verjüngt und stumpf, fast elliptisch (k = 1,44, aber im Durchschnitt neuer Serien = 1,35). Glanz gering. 17 Eier nach SERLE (Ibis 1950, S. 614) ebenso auf blauem oder grünlichblauem Grund gezeichnet, ferner mit graulila Unterflecken versehen. PRIGOGINE (1971, S. 151) bezeichnet den Grund als blaßgrün und grünbläulich.

Cisticola hunteri discolor. Fast elliptisch (k = 1,39), glatt, etwas glänzend. Grund blaß graugrün, dicht und gleichmäßig mit braunen Flecken und Strichen sowie unauffälligen grauen Unterflecken bedeckt.

Cisticola hunteri prinioides. — k = 1,43.

Cisticola hunteri chubbi. Auf blaßblauem Grund überall, aber besonders in einem Kranz am oberen Ende verloschen rostbraun sehr zart gefrickelt (LYNES 1930). PRIGOGINE (1971) fand fleischfarbene Eier mit am stumpfen Pol gehäuften rosa Flecken. Nach GRANVIK (Rev. Zool. Bot. Afr. 25, S. 105, 1934) blaß bläulichgrün mit rötlichbrauner Fleckung. — k = 1,41.

Cisticola hunteri nigriloris. Nach LYNES stark variant wie die Eier der meisten Formen dieser Gattung. BELCHER & PITMAN (Bull. Brit. Orn. Club 86, S. 29f., 1966) nennen diese Eier ein großes Abbild von *Cisticola brachyptera isabellina.*

Cisticola aberrans bailunduensis. Nach LYNES & SCLATER (1934) auf weißem Grund über ein Viertel der Oberfläche sehr schön gezeichnet mit kleinen und großen, scharf markierten lichtroten Blattern, oben dunkel, unten verloschen.

Cisticola aberrans lurio. Nach BENSON (Ibis 1944, S. 470) blaß bläulichgrün mit rötlichbrauner Zeichnung. — k = 1,35.

Cisticola aberrans aberrans. Nur größer, sonst wie der vorherrschende Typ bei *C. fulvicapilla.* Blaßgrünlichblau, in verschiedenen braunen Tönen fein gefleckt. LYNES (1930) nimmt an, daß die Eier der beiden Arten durch genaue Messung mit ziemlicher Sicherheit unterschieden werden können. Das wird zutreffen, da *a. aberrans*-Eier nach ROBERTS Maßen (Ann. Transvaal Mus. 3, S. 237, 1913, u. 1940) im Durchschnitt um 40% größer sind, wie unsere Liste ergibt. — k = 1,39.

Cisticola aberrans minor. Ein Gelege aus Natal hat nach LYNES (1930) mittleren Glanz und ist auf blaßtürkisblauem Grund spärlich trüb weinrot zart gefrickelt, am breiten Ende dichter. — k = 1,35. [Die zahlreichen (wohl fast 100) ovalen bis länglichovalen Eier von *Cisticola ruficapilla* Smith aus Natal, die sehr verschieden aussehen und 14,5—17,5 × 11,4—11,9 mm messen, sind nicht *aberrans minor* allein zuzuschreiben, da *C. fulvicapilla* in der Liste von CHUBB (Ann. Durban Mus. 1, S. 78, 1914) ganz fehlt und die Wahrscheinlichkeit einer gemischten Sammlung groß ist. Hrsg.]

Cisticola chiniana bodessa. In VON ERLANGERS Sammlung (1905) ist ein Dreiergelege einfarbig blaßgrau, das andere mit vier Eiern grünlichweiß, fast weiß, mit vielen blaßviolettrötlichen, an den Rändern verschwommenen Frickeln und Fleckchen. — k = 1,38.

Cisticola chiniana ukamba. Hell grünlichblau mit wenigen rotbraunen Flecken und einigen purpurgrauen Blattern oder blaß türkisblau, teils überall hell trübweinrot kräftig gefrickelt, teils mit spärlichen, aber sehr dunklen purpurnen Flecken auf der dickeren Eihälfte besetzt. — k = 1,25.

Cisticola chiniana humilis. Nach JACKSON (Ibis 1901, S. 58, aus LYNES 1930) blaßblau mit mäßig dunklen Fleckchen, wie bei *Acanthis cannabina.* Eigröße wie bei den anderen *chiniana*-Formen. — k = 1,31.

Cisticola chiniana victoria. Ungefleckt weiß bis lebhaft blau, zum Teil auch gefleckt (nach VAN SOMERENS *C. fischeri* non Reichenow aus LYNES 1930).

Cisticola chiniana fischeri. Nach LYNES stark variante Eier, die nichts Besonderes zeigen.

Cisticola chiniana heterophrys. Weiß, mit mehr oder weniger gleichmäßig verteilten kleinen und größeren Fleckchen und Blattern dunkel purpurbrauner und heller purpurgrauer Färbung ziemlich gut gezeichnet. — k = 1,35.

Cisticola chiniana procera. Blaß bis leuchtend türkisblau. Die vielen mehr oder weniger über die ganze Oberfläche verteilten weinroten bis dunkel purpurbraunroten Frickel und kleinen Flecke erinnern an *C. lais*, sind aber dunkler, nahezu schwarz, und weniger zahlreich, dafür jedoch schärfer ausgeprägt. — k = 1,38.

Cisticola chiniana chiniana und *campestris.* Bläulichweiß bis hell türkisblau mit rotbraunen Flecken neben purpur- oder schiefergrauen Unterflecken gut gezeichnet, auch (nach ROBERTS 1957) ungefleckt weiß und blaßblau. Zuweilen weiß mit nur wenigen staubkorngroßen Punkten. — k = 1,39.

Cisticola chiniana fortis. Nach LYNES (Rev. Zool. Bot. Afr. 31, S. 88, 1938) weiß mit rötlichen Flecken, nach BOWEN (Proc. Acad. Nat. Sci. Philadelphia 83, S. 288f., 1931) blaß türkisblau mit schwarzen, dunkelbraunen und kastanienfarbenen Flecken besonders in einem Ring um das stumpfe Ende. — k = 1,33.

Cisticola rufilata ansorgei. Sehr blaßgrünlichblau, meist mit einem Ring sehr zarter purpurweinroter Frickel, aber auch türkisblau mit stärker ausgeprägten Flecken und kleinen Blattern. — k = 1,34.

Cisticola rufilata rufilata. Von BRADFIELD gesammelte Stücke sind nach ROBERTS (Ann. Transvaal Mus. 12, S. 314, 1928) weiß mit vielen nach unten hin sich verlierenden braunen Frickeln und Fleckchen neben einigen purpurschiefergrauen Unterflecken, nach ROBERTS (1957) auch mit blaßblauer Grundfärbung. — k = 1,34.

Cisticola subruficapilla subruficapilla. Blaß türkisblau, weinrot oder purpurrot zart gefrickelt oder gefleckt. — k = 1,33.

Cisticola subruficapilla jamesi. Nach JAMES (Ool. Rec. 9, S. 16—18, 1929) nicht sehr variant. Meist blaßblau, mehr oder weniger dicht in verschiedenen braunen und purpurbraunen Tönen bespritzt, manchmal in einem unbestimmten Ring mit Flecken und kleinen Blattern besetzt. Seltener weiß mit dichtem Kranz aus schön braunen und purpurbraunen Ober- und blaß purpurnen Unterflecken. — k = 1,34.

Cisticola subruficapilla karasensis. Ein von NIETHAMMER (HOESCH & NIETHAMMER, Journ. f. Orn., 88, Sonderh. S. 275, 1940) gesammeltes sicheres Ei ist ungefleckt hellblau. Acht Stücke im Britischen Museum haben auf blaßblauem Grund meist am stumpfen Ende umberbraune und lila Flecke, kleine und größere Einzelne mit nur wenigen dunkel umberbraunen Flecken und Haarlinien sind vielleicht unrichtig bestimmt. Sie messen 15,5—16,3 × 10,7—11,4 mm. Nicht bei LYNES. — k = 1,24,

Cisticola lais distincta. Die Eier der Sammlung de Bournonville sind auffallend groß und langgestreckt (k = 1,49).

Cisticola lais nambo. Nur 1 Ei bekannt, nach SCLATER & LYNES (Ibis 1934, S. 23) wie typische Eier der Nominatrasse.

Cisticola lais semifasciata. Nach BELCHER in großer Serie viel weniger abändernd als andere *Cisticola*-Eier. Immer hell bis mitteldunkel türkisblau mit ziemlich gut verteilten, am oberen Ende etwas dichteren rotbraunen bis weinroten kleinen Flecken und Frickeln, die dort zuweilen eine Zone bilden, dann und wann auch einen nicht besonders dicht gefleckten Ring. Dazu kommen nach BENSON & PITMAN (Bull. Brit. Orn. Club 86, S. 29, 1966) fast unbemerkbar graue Unterflecke. — k = 1,34.

Cisticola lais monticola. Nach ROBERTS (aus LYNES 1930) weiß bis blaßblau, einfarbig oder schiefergrau und braun bespritzt und gefleckt. — k = 1,34.

Cisticola lais lais. Nach ROBERTS (aus LYNES 1930) stark variierend, purpurn und dunkelbraun fein bespritzt auf weißem oder blaßblauem Grund. Nach CHUBB auch mit schwarzen oder rötlichbraunen oder hell roten Pünktchen, ferner ungefleckt weiß oder blaßblau und in der Form von kurzoval bis zylindrisch oval schwankend (k = 1,38).

Cisticola njombe njombe. Nach LYNES in der Färbung ganz wie bei *C. a. aberrans* in S-Afrika. — k = 1,40.

Cisticola galactotes. Die stark variierenden Eier der *galactotes*-Rassen mit ihrer meist die ganze Fläche bedeckenden erythristischen, braunrötlichen, grobblattrigen Zeichnung bieten vorwiegend einen überraschenden, von allen anderen *Cisticola*-Eiern (außer *C. pipiens* und *C. carruthersi*) vollkommen abweichenden Typ dar.

Cisticola galactotes amphilecta. Glänzende rote Eier aus Gabun, in nur einem Gelege des Rothschild-Museums (Tring), also jetzt im Britischen Museum, zuverlässig bekannt, das nach LYNES (1930) auf rosalachsfarbenem Grund überall sehr dicht mit dunkelrotbraunen, leberbraunen und grauen feinen Stippen und Fleckchen bedeckt ist. Er betont die Schwierigkeit der Identifizierung, da sich mehrere ♂♂ beim Nest umhertrieben. Das von REICHENOW (Journ. f. Orn. 23, S. 45, 1875 u. Die Vögel Afrikas 3, Berlin, 1905, S. 554) beschriebene weiße Gelege aus Accra mit braunen und grauen Flecken hält LYNES (1930, S. 393) für falsch bestimmt. — k = 1,42.

Cisticola galactotes nyansae. Viele Gelege der Sammlung VAN SOMEREN haben nach LYNES (1930) ziegelrote, terrakottbraunrote oder nelkenrötlichweiße Eier, die nahezu einfarbig oder unbestimmt in dunkleren Tönen gewölkt sind. Etwa ebenso häufig sind *Pycnonotus*-artig reich gefleckte und geblatterte Stücke in dunkelbraunen, purpurroten und grauen Schattierungen. — k = 1,32.

Cisticola galactotes zalingei. Satt rosarahmfarben oder weiß, überall schwer mit Krapprot, Braun und Orange geblattert und bespritzt, daneben violettgraue oder steinfarbene Unterflecke. Hoher Glanz. — k = 1,37.

Cisticola galactotes lugubris. Nach LYNES (1930) hauptsächlich auf hell terrakottfarbenem oder mehr nelkenrötlichem Grund in zwei oder drei Tönen von Nußbaumbraun marmoriert oder mit kräftigen bräunlich terrakottroten und malvengrauen Flecken und Blattern dicht besetzt. Seine fünf Gelege waren alle verschieden. Das einzige Gelege in der Sammlung v. ERLANGER (Journ. f. Orn. 55, S. 719, 1905) ist einfarbig hell sandgelb mit rosigem Anflug. NEHRKORN besaß sogar erbsenfarbige Stücke. Sein Maß auch für rosa, hellrostrot gefleckte Eier beträgt nur 15,5 × 12,0 mm (k = 1,29) und wurde nicht in die Liste aufgenommen. LYNES erwähnt auch ein mattweißes, ungeflecktes Gelege, und CHEESMAN fand nach LYNES (1930) deren viele in NW-Abessinien, überdies eins mit violetten Fleckchen und Blattern. Grünliche und bläuliche Töne kommen nicht vor. — k = 1,35.

Cisticola galactotes haematocephala. Teils fast einfarbig fuchsigbraunrot bis ziegelrot verwaschen gewölkt, teils nußbraun und lilarot geblattert. Andere sind überall, wie immer bei dieser Art auch am schlankeren Ende, mit mittelgroßen, matt purpurnen oder mehr braunen und grauen, sich überdeckenden Blattern mitteldicht bedeckt, wie marmoriert. Dieser letzte Typ kommt auch mit stärker glänzenden, lebhafter kastanienbraunen und violettgrauen, scharf ausgeprägten Flecken vor. Die zuerst genannten Nuancen stehen den hochglänzenden, fuchsig rötlichbraunen, mahagonifarbenen Eiern von *Prinia g. gracilis*, die der ehemaligen *Burnesia*-Artengruppe angehört, nahe. Grundfarbe rosarahmfarben. Innenfärbung rosa bis hellorangebraun. — k = 1,30.

Cisticola galactotes suahelica. Auf rosalachsfarbenem Grund überall sehr dichte kleine, feine, 'dunkelrotbraune oder leberbraune Fleckchen, eigenartig dunkel und reich gestippelte und im ganzen rote Eier. LYNES (1930) bemerkt, daß sie ausgesprochen anders seien als alle, die er sonst noch sah. — k = 1,33.

Cisticola galactotes luapula. Nach SCLATER & LYNES (Ibis 1934, S. 30) sind wie die Vögel auch die Eier kleiner als die der südafrikanischen Nominatrasse, aber gleich diesen stark glänzend tief ziegelrot einfarbig, wogegen alle nördlicher wohnenden Formen deutlich, wenngleich recht dicht und meist grob, gefleckt sind wie schon bei der unmittelbar angrenzenden *suahelica.* [Nach LYNES ist allerdings der Größenunterschied nur 16,5×12,5 gegen 16,2×12,1 mm, G = 1,32:1,20. Nach unserer Liste wird er deutlicher: 17,0×12,8 gegen 16,2×12,1 und in den Gewichten 1,41 gegen 1,20 g. Aus Katanga sind von LYNES (Rev. Zool. Bot. Afr. 3, S. 90, 1938) auch stark gefleckte Eier vom nördlichen Typ bekannt geworden. Hrsg.] — k = 1,34.

Cisticola galactotes galactotes. Wie die vorige, nicht immer anerkannte Rasse von der Charakterisierung der Art (S. 605) abweichend, einfarbig glänzend ziegelrot oder tief terrakottrot, ähnlich gut gefärbten Eiern von *Cettia cetti.* BELCHER findet die Färbung lebhaft schokoladenrot, CHUBB (1914, S. 79) die ovalen und kurzovalen Eier einfarbig kaffeebraun und sehr glänzend. [Ob die dichte blaßziegelrote Frickelung den rötlichweißen Grund eines Natal-Dreiergeleges (JAMES 1970) weitgehend verdeckt, ist unbekannt. Hrsg.]. — k = 1,33. (Taf. 8, Fig. 11.)

Cisticola pipiens congo. Nach LYNES (Bull. Brit. Orn. Club 56, S. 112, 1936) wie die folgende Nominatform. — k = 1,41.

Cisticola pipiens pipiens. Ähnlich den Eiern der nördlichen *C. galactotes*-Rassen, insbesondere den ausgesprochener roten der allerdings kleineren Kenia-Formen (*C. g. haematocephala* und *nyansae*). Lebhaft rötlichlachsfarbener Grund, dunkel oder etwas heller terrakottfarbig reichlich marmoriert oder gewölkt. — k = 1,34.

Cisticola carruthersi. Ein Vierergelege der Sammlung VAN SOMEREN hat sehr glänzende rote Eier wie *C. g. galactotes.* Es ist dicht und bestimmt gezeichnet.

Cisticola tinniens oreophila. Das von LYNES & OSMASTON gesammelte Gelege zeigt nach LYNES (1930) den dominanten *t. tinniens*-Typ. Grünlichweiß, besonders gegen das breitere Ende hin rostrot fein gefrickelt. — k = 1,34.

Cisticola tinniens perpulla. LYNES (1930, S. 553) beschreibt fünf Gelege. Dominanz wie bei *t. tinniens.* In drei Fällen grünlichweiß mit entweder rostroten Frickeln oder roten, braunen und grauen Flecken. Ferner weiß mit ziemlich kühnen rostroten Blattern und prächtig türkisblau mit rotbraunen und grauen, kühnen scharfrandigen Blattern. — k = 1,34.

Cisticola tinniens tinniens. Nach CHUBB (1914, S. 79) und LYNES (1930, S. 547) vorwiegend bläulich- oder grünlichweiß, mehr oder weniger überall, besonders am oberen Ende, trübweinrot oder rostrot gefrickelt. Aber auch im Grund weiß oder grünlich oder bläulich gehaucht bis blau und in jedem Dichtegrad und in jeder Zeichnungsart gefleckt, von kleinen blassen Frickeln bis zu gröberen Flecken und Blattern in verschiedenen roten Tönen, mit oder ohne graue Unterflecke. Auch eine erythristische Varietät wurde bekannt, jedoch keine ganz ungefleckten. — k = 1,33.

Cisticola robusta robusta. Während v. ERLANGER (Journ. f. Orn. 53, S. 720, 1905) ausschließlich einfarbig weiße und blaß seegrüne Eier fand, gibt es nach LYNES (1930) auch solche mit roten und rotbraunen, hellen und dunklen Flecken. Meist handelt es sich aber nur um spärliche weinrote Frickel und Spritzer. CHEESMAN sammelte nach LYNES (1930) in NW-Abessinien blaßblaue Dreiergelege mit und ohne zarte rote Fleckchen. — k = 1,38.

Cisticola robusta ambigua. Nach LYNES & OSMASTON (in LYNES 1930) hell türkisblauer Grund, weinrot leicht gefrickelt und gepunktet. Nach SERLE (Ibis 1943, S. 71) ungefleckt blaß himmelblau oder blaß grün mit dunkelbraunen Flatschen und Flecken, vor allem nahe dem stumpfen Ende, dazu mit graulila Unterflecken, ferner weiß, dicht blaßbraun fein gesprenkelt und gestrichelt, mit graulila Unterflecken, so daß der Grund größtenteils verdeckt ist. Gestreckt oval (k = 1,44).

Cisticola robusta nuchalis. Mehrere Gelege blaßgrünlichblau, oben dicht rotbraun gewölkt, andere wie bei *Parus major*, auch wie bei *ambigua*. — k = 1,38.

Cisticola robusta awemba und *angolensis*. Eier einfarbig, weiß oder hell türkisblau. Auch weiß bis blau, leicht oder reicher blaßweinrot gefrickelt und gefleckt (nach LYNES 1930, SCLATER & LYNES 1934, S. 33). — k = 1,35.

Cisticola natalensis strangei. SERLE (Ibis 1940, S. 15) hat aus N-Nigeria weiße, wenig glänzende Eier mit verstreuten, in einem Kranz am stumpfen Ende dichter stehenden schokoladenfarbenen, umberbraunen und ockerbraunen Fleckchen, wozu graulila Unterflecke kommen. $D_5 = 18{,}6 \times 13{,}8$, k = 1,35 (16,6—20,0 ×13,6—14,1 mm). Die bei LYNES (1930) erwähnten beiden Eier, glanzlos weiß, mit verstreuten trüb weinroten Fleckchen gut gezeichnet, sind kleine Stücke (17,2×12,7 mm, k = 1,35) dieser großen Art, ebenso NEHRKORNS bläulichweiße bis blaue mit feinen schwarzbraunen Fleckchen besonders am oberen Ende (17×14 mm, k = 1,21). Desgleichen die beiden im CAT. BRIT. MUS. aufgeführten Eischalen aus Nigeria, die als auf glänzend blaßblauem Grund dicht blaß rötlichbraun und lilagrau gespritzt und *natalensis* ähnlich beschrieben werden (17,3 ×12,4 und 17,5×12,7 mm, k = 1,39). $G_4 = 1{,}53$ g (für die 4 eben erwähnten Eier). Doch stimmt hier etwas nicht, da die zugehörige Abbildung (CAT. BRIT. MUS. 4, 1905, Taf. IX, Fig. 15) ein blaß graubläuliches Ei mit winzigen grauen Pünktchen darstellt, die nur auf der oberen Hälfte deutlich sichtbar sind. Ganz anders waren die im Britischen Museum 1934 von mir gemessenen drei Eier, offenbar irrig als „*natalensis*" bezeichnet, nämlich von einem für *Cisticola* gänzlich abweichenden Typ, olivgraubraun im Gesamteindruck, im Zeichnungscharakter wie *Emberiza aureola* mit Brandflecken. Maße: 19,7×14,0 = 0,140 g, 19,6×14,5 = 0,145 g und 20,4×15,2 (nicht wägbar, da unvollkommen entleert, pendelt). Durchschnittlich k = 1,35 und G_3 — 2,20 g, viel größer als alle Eier von *Cisticola*; Schale sehr schwer (Rg = 7%). (Taf. 8, Fig. 12.)

Cisticola natalensis valida. Mehrere von van Someren und Jackson gesammelte Gelege aus Uganda sollen nach Lynes (1930) ganz ähnlich denen der Niassa- und W-Afrika-Rassen (*natalensis* bzw. *strangei*) sein.

Cisticola natalensis kapitensis. Lynes (1930) schildert das einzige bekannte Ei als glanzlos weiß, ein wenig kühner gezeichnet, sonst ganz wie andere *natalensis.* — k = 1,32.

Cisticola natalensis natalensis. Nach Lynes (1930) glanzlos wie bei allen *natalensis*-Rassen, weiß oder blaßblau mit verstreuten, trüb weinroten Punkten ziemlich gut gezeichnet. Swynnerton (nach Lynes 1930) gibt an: Auf weißem Grund überall ziemlich dichte, winzige hell purpurgraue Flecke oder auf blaßblauem Grund gelbbraune neben violettgrauen Flecken, die am stumpfen Ende dichter stehen. So sind auch nach Priest (Eggs of birds breeding in Southern Africa, Glasgow, 1948, S. 98) Stücke im Britischen Museum. Verstreute rote, braune, lila oder graue Fleckchen auf weißem bis blaßblauem Grund gibt es auch nach Roberts (1957), wogegen Belcher allein m. W. ungefleckt weiße oder blaue (so im Niassaland) kennt. Dieser Forscher erwähnt außerdem nur noch überall verteilte, feine rote Tüpfel und Eier mit verloschen rotbrauner, leichter Frickelung. — k = 1,38.

Cisticola natalensis huambo. Lynes (1930) berichtet nur über drei offenbar abnorm langgestreckte Eier, die auf glanzlos weißem Grund hell weinrote leichte Spritzer und verstreute Flecke zeigen. — k = 1,59.

Cisticola cinereola cinereola. Nach Praed & Grant (1955, S. 502) sehr blaß blau, ungefleckt oder mit einigen dunkelbraunen Fleckchen am stumpfen Ende. — k = 1,46.

Cisticola fulvicapilla angusticauda. Nach Lynes (Bull. Brit. Orn. Club 56, S. 115, 1936) weiß mit kleinen indischroten Flecken und Spritzern. — k = 1,32.

Cisticola fulvicapilla muelleri. Unter vier von Belcher gesammelten Gelegen hatte (nach Lynes 1930) eins ungefleckt reinweiße Eier; zwei waren auf weißem Grund hellrostrot dicht gefrickelt, ebenso das letzte, aber auf hellem bis ziemlich dunklem grünlichblauen Grund. Variation wie bei *C. brachyptera.* — k = 1,27.

Cisticola fulvicapilla ruficapilla (= *Dryodromas*). Variation und Dominanz wie bei der folgenden Rasse. Die beiden Abbildungen im Cat. Brit. Mus. zeigen zwei abweichende Typen, deren Bestimmung m. E. zweifelhaft erscheint. — k = 1,34.

Cisticola fulvicapilla fulvicapilla. Ungemein variant, wie *C. juncidis cisticola* abändernd, aber auch mit dort fehlenden kühnen Blattern. Unter 10 von James (Ool. Rec. 5, S. 25—27, 1925, s. auch Ibis 1930, S. 643) ausführlich beschriebenen Gelegen waren je eins ungefleckt weiß und blau (wie *Zosterops*), eins sehr blaß grünlichblau wie ein weiteres, dieses aber mit überall blaß rostfarbenen Spritzern und kleinen, oben dichter stehenden Blattern gezeichnet. Die übrigen waren weiß und hatten meist am stumpfen Ende einen mehr oder weniger dichten Kranz aus ziegelroten bis rötlichbraunen, blassen oder dunkleren Stippen und kleinen

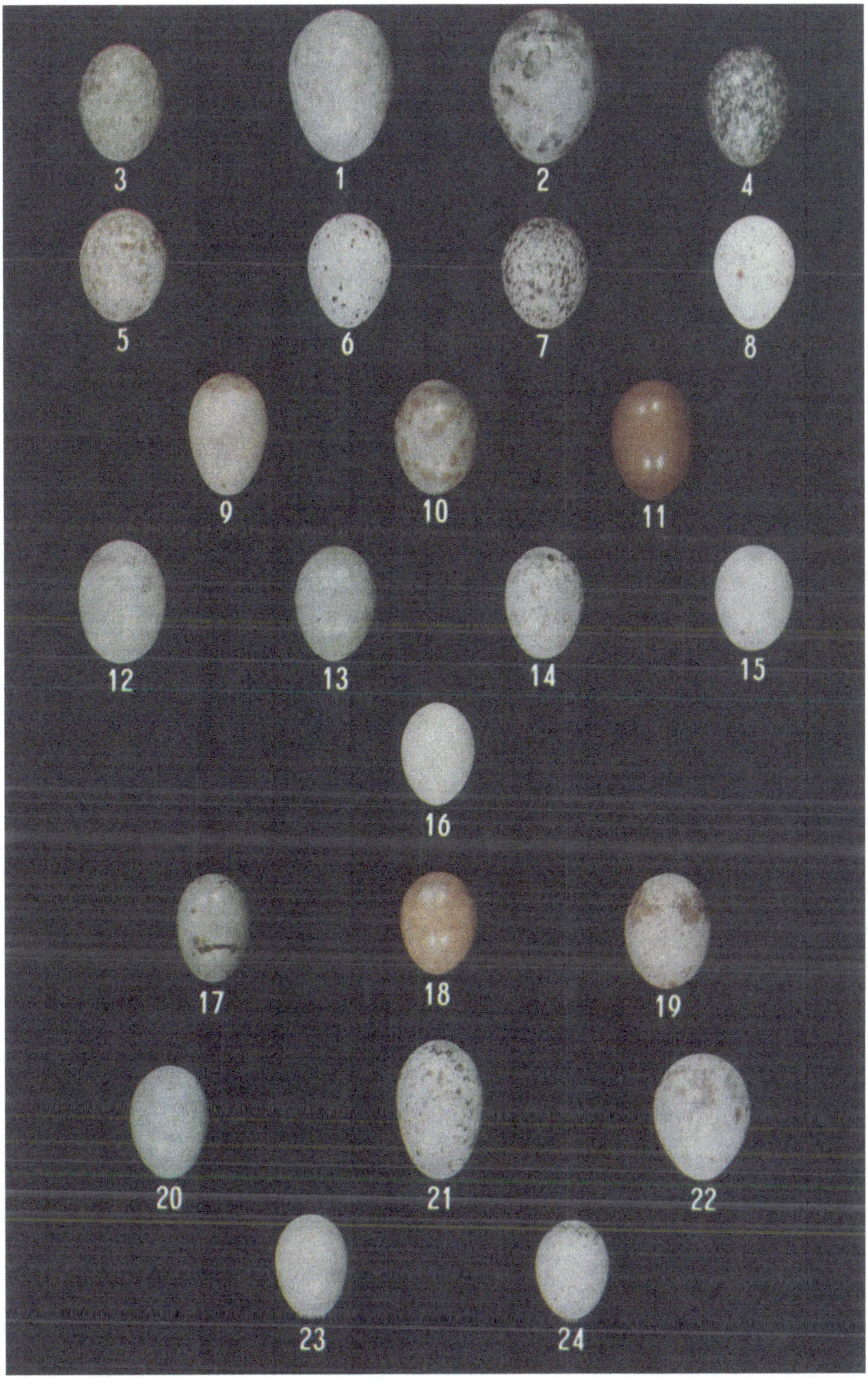
3
1
2
4
5
6
7
8
9
10
11
12
13
14
15
16
17
18
19
20
21
22
23
24

Blattern, manchmal gemischt mit einigen lilagrauen Unterflecken. Ein auffallender Typ trug auf weißem Grund ziemlich dicht über die ganze Fläche verteilte, hell rötlichbraune kühne Blattern und blaß purpurbraune, grobblattrige Unterflecke, auch im Ring am oberen Ende. Bei einem anderen Gelege verteilten sich Fleckchen und Blattern umber- und purpurbrauner Farbe sehr gleichmäßig überall ohne Kranz oder Kappe. LYNES erwähnt ferner nelkenrötlich gehauchten Grund und weinrote Zeichnung. Nach ihm dominiert bei den (nicht glänzenden) Eiern ein grünlich- oder bläulichweißer Grund [die beiden Gelege in JAMES (1970) sind ebenfalls bläulichweiß] mit rostroten oder rostbraunen, mäßig großen Fleckchen, die mitteldicht verstreut stehen. — k = 1,33.

Cisticola nana. Eine der kleinsten Arten. Blaßgrünlichblau mit matten, hellweinroten oder noch blasseren Frickeln besonders nach dem stumpfen Ende hin. — k = 1,26, also breitoval.

Cisticola ruficeps guinea. Nach SERLE (Ibis 1940, S. 16f.) weiß, grünlich gehaucht, mit kühnen weinroten Blattern und Flecken, vor allem in einem Ring am stumpfen Ende, und graulila Unterflecken. — k = 1,24.

Cisticola ruficeps ruficeps. Sehr variabel. Grundfärbung weiß bis mitteldunkel türkisblau. Die rotbraune Zeichnung ändert von zarten Stippen bis zu großen kühnen Blattern ab und kann sehr spärlich, aber auch recht dicht sein. Ungefleckte Stücke wurden nicht bekannt. Fleckenfärbung nach LYNES (1930) indischrot. — k = 1,33.

Cisticola brachyptera brachyptera. Zwei von CHAPIN (1953, S. 383) in NO-Kongo, zahlreiche von SHUEL (Ibis 1938, S. 239) in N-Nigeria (Zaria) und 12 von SERLE (Ibis 1940, S. 16) in N-Nigeria (Wamba, Kafanschan) gesammelte Eier sind bekannt. Sie gleichen denen von *loanda* und sind auf bläulichem bis grünlichem Grund sehr zart, aber dicht, braun, rötlichbraun und lila punktiert. Außerdem hat SERLE Eier mit dunklen Flecken und andere mit gleichmäßig verteilten blaß orangebraunen Sprenkeln, Punkten und sogar Flatschen. — k = 1,30.

Cisticola brachyptera zedlitzi. Die ovalen und etwas glänzenden Eier sind nach SERLE (Ibis 1943, S. 71) auf weißem Grund in einem Gelege kastanienbraun und lila grob und dicht am stumpfen Ende, spärlich anderswo gefleckt und im anderen mit dichter, brauner und lila Frickelung besonders in einem Kranz am stumpfen Ende versehen. — k = 1,35.

Cisticola brachyptera reichenowi. Nach BELCHER weiß, überall, nach oben hin dichter, hell rostrot zart gefleckt, fast nur punktiert. Breitoval (k = 1,25).

Cisticola brachyptera katonae. Hell grünlichblau oder bläulichweiß, gut mit kühnen, hellrostroten Blattern und Fleckchen gezeichnet, gröber als bei den anderen Rassen. — k = 1,38.

Cisticola brachyptera isabellina. Nach LYNES (1930) grünlichweiß oder blaß grünlichblau mit teils verloschenen, teils dunkleren rostroten, mehr oder weniger dicht stehenden Frickeln, seltener ungefleckt weiß. Nach BELCHER auch auf weißem Grund mit wenigen rötlichen Punkten oder dichten roten Frickeln über-

Tafel 8
Eier von Angehörigen der Unterfamilien Eigentliche Grasmücken und Goldhähnchen in der Familie der Grasmücken
(Die meisten Namen und alle Maße nach R. KREUGER/T. STJERNBERG aus der Collectio R. Kreuger, Museum Zoologicum Universitatis Helsinki, briefl. 1972; Maßstab etwa 1:1.)

Fig. 1. *Sylvia n. nisoria* (S. 581). Pommern. 20,6×15,2 = 0,15 g. (Weitere Eier dieses Geleges: 21,3×15,5 = 0,16 g; 21,7×16,0 = 0,16 g; 21,8×15,4 = 0,17 g; 22,0×15,8 = 0,16 g.) Collectio R. KREUGER 3365.

Fig. 2. *Sylvia b. borin* (S. 584). Dänemark. 20,9×15,6 = 0,15 g. (Weitere Eier dieses Geleges: 20,7×15,3 = 0,14 g; 21,0×16,0 = 0,16 g; 22,6×15,3 = 0,14 g.) Collectio R. KREUGER 3391.

Fig. 3. *Sylvia c. conspicillata* (S. 588). Algerien. 16,3×12,6 = 0,07 g. (Weitere Eier dieses Geleges: 14,0×11,7 = 0,06 g; 15,3×12,5 = 0,07 g; 16,1×12,5 = 0,08 g.) Collectio R. KREUGER 3349.

Fig. 4. *Sylvia s. sarda* (S. 590). Korsika. 16,9×13,0 = 0,09 g. (Weitere Eier dieses Geleges: 16,9×12,9 = 0,08 g; 16,9×13,2 = 0,08 g; 17,4×12,8 = 0,08 g.) Collectio R. KREUGER 12704.

Fig. 5. *Phylloscopus trochilus acredula* (S. 591). Finnland. 15,7×12,7 = 0,07 g. (Weitere Eier dieses Geleges: 15,5×12,5 = 0,07 g; 15,6×12,5 = 0,07 g; 15,7×12,5 = 0,06 g; 15,8×12,5 = 0,07 g.) Collectio R. KREUGER 3225.

Fig. 6. *Phylloscopus collybita abietinus* (S. 592). Finnland. 16,0×12,2 = 0,07 g. (Weitere Eier dieses Geleges: 15,7×12,2 = 0,06 g; 15,9×12,4 = 0,06 g; 15,9×12,5 = 0,06 g; 16,1×12,5 = 0,06 g; 16,2×12,2 = 0,06 g; 16,2×12,3 = 0,06 g.) Collectio R. KREUGER 3195.

Fig. 7. *Phylloscopus b. bonelli* (S. 592). Algerien. 15,6×12,6 = 0,07 g. (Weitere Eier dieses Geleges: 14,8×12,0 = 0,07 g; 15,2×13,2 = 0,07 g; 15,7×13,3 = 0,08 g.) Collectio R. KREUGER 3246.

Fig. 8. *Phylloscopus borealis talovka* (S. 593). Finnland. 15,8×11,5 = 0,05 g. (Weitere Eier dieses Geleges: 15,3×12,0 = 0,06 g; 15,6×11,9 = 0,06 g; 15,7×11,6 = 0,05 g; 15,7×11,8 = 0,05 g; 15,8×11,8 = 0,06 g.) Collectio R. KREUGER 1362.

Fig. 9. *Orthotomus sepium borneonensis* (S. 597). Borneo. 17,3×11,8 = 0,07 g. Collectio R. KREUGER 10881.

Fig. 10. *Cisticola e. erythrops* (S. 600). Ghana. 16,1×12,4 = 0,07 g. Collectio R. KREUGER 13866.

Fig. 11. *Cisticola g. galactotes* (S. 606). Empangeni (S-Afrika). 17,0×12,6 = 0,09 g. (2. Ei dieses Geleges: 17,2×13,0 = 0,08 g.) Collectio R. KREUGER 13375.

Fig. 12. *Cisticola natalensis strangei* (S. 607). Ghana. 17,5×12,7 = 0,07 g. Collectio R. KREUGER 13874.

Fig. 13. *Cisticola rufa* (S. 612). Ghana. 16,4×12,4 = 0,07 g. Collectio R. KREUGER 13849.

Fig. 14. *Cisticola j. juncidis* (S. 612). Gegend von Kairo. 15,9×11,5 = 0,05 g. (Weitere Eier dieses Geleges: 15,9×11,5 = 0,06 g; 15,9×11,6 = 0,06 g; 16,2×11,6 = 0,06 g.) Collectio R. KREUGER 8816.

Fig. 15. *Cisticola exilis lineocapilla* (S. 613). Bandoeng, Malayische Halbinsel. 15,0×11,6 = 0,05 g. (2. Ei dieses Geleges: 15,1×11,6 = 0,05 g.) Collectio R. KREUGER 10330.

Fig. 16. *Prinia pectoralis ocularius* (S. 618). Kalahari Gemsbok National Park. 14,7×10,8 = 0,04 g. Collectio R. KREUGER 17147.

Fig. 17. *Prinia subflava subflava* (S. 619). Senegal. 15,5×11,3 = 0,06 g. (Weitere Eier dieses Geleges: 15,5×11,7 = 0,06 g; 16,3×11,2 = 0,06 g.) Collectio R. KREUGER 8793.

Fig. 18. *Prinia flaviventris sonitans* (S. 624). Taiwan. 14,7×11,4 = 0,06 g. (Weitere Eier dieses Geleges: 14,6×12,3 = 0,07 g; 14,7×12,1 = 0,06g; 14,8×11,8 = 0,06 g.) Collectio R. KREUGER 8291.

Fig. 19. *Prinia rufescens austeni* (S. 625). Assam. 16,3×12,7 = 0,08 g. (Weitere Eier dieses Geleges: 15,5×11,8 = 0,06 g; 15,5×11,9 = 0,06 g; 15,8×12,1 = 0,07 g.) Collectio R. KREUGER 14161.

Fig. 20. *Eremomela u. usticollis* (S. 631). Lobatsi, Betschuanaland. 16,0×11,8 = 0,07 g (2. Ei dieses Geleges: 16,3×11,8 = 0,07 g.) Collectio R. KREUGER 15605.

Fig. 21. *Sylvietta rufescens flecki* (S. 632). SW-S-Rhodesien. 19,5×12,6 = 0,09 g. (2. Ei dieses Geleges: 19,7×12,6 = 0,09 g.) Collectio R. KREUGER 16030.

Fig. 22. *Parisoma s. subcaeruleum* (S. 633). Transvaal. 17,7×14,1 = 0,09 g. (Weitere Eier dieses Geleges: 17,8×14,0 = 0,10 g; 18,2×13,9 = 0,09 g.) Collectio R. KREUGER 7868.

Fig. 23. *Regulus calendula cinerascens* (S. 636). Californien. 15,0×10,7 = 0,04 g. (Weitere Eier dieses Geleges: 14,8×10,6 = 0,04 g; 15,0×10,8 = 0,04 g; 15,0×10,7 = 0,04 g; 15,1 ×10,6 = 0,04 g; 15,6×10,9 = 0,04 g.) Collectio R. KREUGER 8555.

Fig. 24. *Leptopoecile s. sophiae* (S. 637). Tianschan. 14,3×10,9 = 0,04 g. (Weitere Eier dieses Geleges: 14,0×10,9 = 0,04 g; 14,0×10,9 = 0,04 g; 14,5×11,0 = 0,04g; 14,7×10,9 = 0,04g.) Collectio R. KREUGER 14173.

all gezeichnet. Der letzte Fall ist anscheinend der häufigste. Dazu kommen nach BENSON & PITMAN (Bull. Brit. Orn. Club 86, S. 21f., 1966) kaum sichtbare blaß lilagraue Unterflecke. — k = 1,32.

Cisticola brachyptera loanda. Nach LYNES (1930) und SCLATER & LYNES (1934, S. 34) auf blaß grünlichblauem oder weißem Grund heller oder dunkler rostrot gefrickelt oder gefleckt, meist in einem Kranz am stumpfen Ende. — k = 1,35.

Cisticola rufa. Türkisblau mit kleinen und größeren rundlichen locker verstreuten, hell und dunkel kastanienbraunen Flecken, die zwischen sich mittelgroße rosagraue Unterflecke und einzelne kurze dunkle feine Fäden aufnehmen. Sehr ähnlich *Prinia*-Typen. Bei LYNES (1930) nicht beschrieben. [Ein Ei der Sammlung R. Kreuger ist bläulichweiß mit reichlich locker verstreuten kleinen rundlichen rotbraunen und rötlichgrauen Flecken und mißt nach R. KREUGER (briefl.) 16,4×12,3 = 0,068 g gegen 15,3×11,5—11,9 = 0,060 g bei den drei übrigen Eiern. Da *C. rufa* nach Schönwetters Kladde nicht sicher bestimmt erschien, ist das abgebildete Ei wohl als Bestätigung jener Bestimmung anzusehen. Hrsg.] Breitoval (k = 1,30). (Taf. 8, Fig. 13.)

Cisticola juncidis juncidis. Wie die folgende Form. — k = 1,39. (Taf. 8, Fig. 14.)

Cisticola juncidis cisticola. Sehr variant, aber ohne grobe Blattern.

Typ 1: Grundfärbung reinweiß, entweder ungefleckt oder gezeichnet mit ziemlich gleichmäßig verteilten, feinen blassen braunen Punkten oder auch mit mehr am breiteren Ende stehenden gröberen dunkleren Fleckchen, manchmal mit grauen dazwischen.

Typ 2: Weißlich mit zart grünlichem bis bläulichem Hauch, sonst wie 1.

Typ 3: Schön hellblau, sonst wie bei Typ 1. — k = 1,33. Auf den Balearen anscheinend ausschließlich ungefleckte, reinweiße und blaue Eier.

Cisticola juncidis uropygialis. Nach SHUEL (Ibis 1938, S. 239) blaßblau oder weiß, gut, aber zart, hell rötlichbraun und lilagrau gefleckt. Glänzend. — k = 1,33.

Cisticola juncidis perennia. Gefleckte weiße und grünliche Eier wie bei *j. cisticola.* — k = 1,33.

Cisticola juncidis terrestris. Wie *j. cisticola*, aber weniger variabel und anscheinend keine ungefleckten Eier. Nach BELCHER teils blaugrün mit rotbraunen, rundlichen oder unregelmäßig geformten Flecken [und nach JAMES (1970) lilagrauen Unterflecken] reichlich gezeichnet, teils auf blaßgrünem Grund überall trübrot zart gefrickelt. Seltener weiß mit einem Kranz brauner Tüpfel verschiedener Größe. (JAMES (1970) gibt auch nelkenrötlichweißen Grund an.) — k = 1,33.

Cisticola juncidis cursitans. Ähnlich *j. cisticola*, aber viel weniger abändernd. Nach BAKER (1933, S. 383) war nur 1 Gelege (bei 400 Eiern) ungefleckt, 5% blaß blaugrundig, alle übrigen mit weißlichem, leicht getöntem Grund und zarter, blaß rötlichbrauner neben grauer Zeichnung, in wenigen Fällen mit grober Zeichnung. Ein Drittel der Gelege besteht aus stark glänzenden Eiern mit wenigen runden, blaß kastanienfarbenen Flecken. — k = 1,30. Häufiger Wirt von *Cuculus canorus bakeri.*

Cisticola juncidis omalura. Auf weißem Grund dicht rotbraun und purpurn gefleckt, anscheindnd etwas kühner als bei *j. cursitans.* — k = 1,32.

Cisticola juncidis malaya. Thailand-Eier nach Baker reicher und gröber gefleckt als *cursitans,* sonst wie diese. Die westjavanischen sind entweder blau oder weiß und dann meist ungefleckt, nur gelegentlich fein braun gezeichnet. Eier aus Mittel-Java ähneln zum Teil solchen von *Zosterops palpebrosa, Prinia familiaris* oder *Orthotomus sepium.* Sie sind schwach oder stärker glänzend und hell blaugrün oder blaugrünlichweiß, manchmal fast rein weiß, ungefleckt bis ziemlich stark gefleckt, auch grob purpur- bis dunkelsepiafarben geblattert, auf den dunkelsten Schalen fast schwarz. Manchmal treten graulila Unterflecke stärker hervor, auch dichtere oder Ringzeichnung am stumpfen Pol. Fein überall blaß bräunlich gepunktete und bespritzte ähneln denen des erwähnten Brillenvogels (*Zosterops*) (Hellebrekers & Hoogerwerf 1967). — k = 1,32.

Cistocola juncidis tinnabulans, Nur weiße Eier mit reicher, grober Zeichnung bekannt. Erst James (1970) erwähnt bläulichweißen Grund. — k = 1,29.

Cisticola juncidis brunniceps. Wie *j. tinnabulans,* manchmal mit spärlicher, sehr dunkler Punktierung wie bei *Phylloscopus collybita.* — k = 1,33.

Cisticola juncidis leanjeri. Nach Lynes stehen die Eier *malaya* näher als *C. exilis.* Wenig glänzend, zart blaß blau, ziemlich gleichmäßig überall verteilte, kleine Fleckchen (Givens & Hitchcock, Emu 53, S. 193—200, 1953). Also stark von *C. exilis* abweichend. — k = 1,34.

Cisticola cherina. Ähnlich *C. juncidis cisticola,* aber wohl ohne ungefleckte Stücke. Fast nur weißliche bis sehr blaß grünliche Eier, meist mit einem Kranz kleiner dunkelbrauner Flecke. Auch sehr gleichmäßig überall ziemlich dicht stehende, winzig kleine hellere Punkte. — k = 1,35. Häufiger Wirt von *Cuculus poliocephalus rochii.*

Cisticola exilis tytleri. Fast ganz wie bei der australischen Nominatform *e. exilis*: Schön blau mit rotbraunen, purpurnen, auch fast schwärzlichen Blattern und Punkten nebst einigen eingestreuten grauen, sepiabraunen oder blaßrötlichen Unterflecken. — k = 1,30.

Cisticola exilis equicaudata. Wie bei *j. tytleri,* nach Baker auch blaß graublau und weiß. — k = 1,33.

Cisticola exilis lineocapilla. Nach Hoogerwerf (Hellebrekers & Hoogerwerf 1967, S. 121 f.) sind Eier von Flores wie die von *C. juncidis,* ziemlich reichlich, vor allem am stumpfen Pol, vorwiegend grob und scharf begrenzt dunkelbraun bis purpurbraun gesprenkelt und gefleckt mit eingestreuten, kaum sichtbaren, grau marmorierten Unterflecken. Schon 1949 hatte Hoogerwerf einfarbig blaue Eier von Java abgebildet, die er kaum von *C. juncidis malaya* unterscheiden konnte, wogegen Hellebrekers (Hellebrekers & Hoogerwerf 1967) Eier der Bartels-Sammlung von W-Java (wo die Art wohl sonst nicht nachgewiesen ist — daher in der Liste abgetrennt —) ziemlich dunkelblau und glänzend, aber ebenso einfarbig findet. k = 1,34. (Taf. 8, Fig. 15.)

Cisticola exilis diminuta. Wie bei *e. exilis.* — k = 1,33.

Cisticola exilis exilis. Von den meisten anderen *Cisticola*-Arten abweichend durch höheren Glanz, dunkler blauen Grundton und vorwiegend grobblattrige Zeichnung, die in der Regel einen breiten Kranz von dunkelbrauner bis purpurbrauner Färbung am dicken Ende darstellt. Eine kühne, recht konstante Fleckung und Färbung. — k = 1,26.

Cisticola aridula tanganyikae. — k = 1,35.

Cisticola aridula lobito. Wie bei folgender Form weiß mit purpurroten und purpurbraunen Flecken und Punkten.

Cisticola aridula kalahari und *caligina.* Keine fleckenlosen weißen Eier beobachtet, sonst wie *C. juncidis cisticola.* Von Hoesch in der Kalahari gesammelte Eier sind weiß mit zartesten hellbraunen und einigen purpurbraunen Kritzeln und Punkten (Journ. f. Orn. 88, Sonderheft S. 273, 1940). Roberts (Ann. Transvaal Mus., 3, S. 260, 1913) erwähnt aschgraue Unterflecke. — k ≐ 1,29.

Cisticola textrix major. Nach Roberts (Ann. Transvaal Mus. 11, S. 238, 1926) blaßgrün, dunkelbraun bespritzt. — k = 1,33.

Cisticola textrix textrix. Bläulichweiß bis blaßblau mit dunkelroten bis bräunlichen und blaß lilagrauen kleinen Fleckchen, die wie Pünktchen sind, ohne deutlichen Kranz. — k = 1,36.

Cisticola eximia eximia. Von den beiden allein bekannten Gelegen ist das eine ungefleckt weiß, das andere weiß mit purpurbraunen, rostroten und grauen Flecken. — k = 1,40.

Cisticola dambo kasai. Nach Lynes (Rev. Zool. Bot. Afric. 31, S. 86f., 1938) variabel, hell bis sehr hell türkisblau, ziemlich kräftig bis schwach mit verschiedenen roten, braunen und grauen Tönen gefleckt oder getüpfelt. — k = 1,32.

Cisticola dambo dambo. Nach Lynes & Sclater (Ibis 1934, S. 23) mitteltürkisblau, sehr fein bleich weinrot gefrickelt, ganz wie *C. brachyptera* und andere *Cisticola*-Arten. Nur 1 Ei bekannt. — k = 1,29.

Cisticola brunnescens brunnescens. In allen Variationen wie bei *C. juncidis cisticola.* Nach Cheesman (aus Lynes 1930) oft mit kleinen violetten Fleckchen. — k = 1,43. Häufiger Wirt von *Vidua macroura.*

Cisticola brunnescens nakuruensis. Weiß bis blau, gut braun, braunrot und graupurpurn gefleckt. — k = 1,30.

Cisticola brunnescens hindii. Wie *C. b. nakuruensis.* — k = 1,33.

Cisticola brunnescens cinnamomea. Weiß und blau, alle fein gestippelt und gepudert mit Mattrot und Purpurgrau. — k = 1,35.

Cisticola brunnescens egregia. Weiße und bläulichweiße, gefleckte Eier. — k = 1,33.

Cisticola ayresii mauensis. — k = 1,38.

Cisticola ayresii ayresii. Nach ROBERTS (1940) sehr variante Eier. Spärlich fein rotbraun gesprenkelte auf blaßgrünem Grund dominieren. Nach SCLATER & LYNES (Ibis 1934, S. 21) auch hellblau, gut mit rötlich purpurnen Punkten und Blattern in verloschenen Tönen gezeichnet, ebenso hellblau nach BENSON & PITMAN (Bull. Brit. Orn. Club 86, S. 28f. 1966) mit spärlichen, aber deutlichen schwärzlichbraunen Spritzern und Pünktchen und mit wenigen blaß trüb purpurgrauen Unterflecken, beide vor allem in einem lückenhaften Gürtel um den stumpfen Pol. Die Maße, die LYNES (1930, S. 151) nach ROBERTS (Ann. Transvaal Mus. 11, S. 238, 1926) mit 17,5×11,4 mm angibt, sind falsch (richtig wäre D_3 = 15,7×11,4 mm) und leider in ROBERTS (1957, 1970) übernommen worden, obwohl ROBERTS 1940 (S. 267) nach seiner großen Serie 15—15,4×11,4—11,9 anführte. — k = 1,32.

Graminicola bengalensis bengalensis. Nach HUME blaßgrünlichgrau, ziemlich dicht, aber nur hell gesprenkelt und gescheckt in purpurroter Farbe. Nach BAKER blaß rahmfarben, fast weiß, gewöhnlich ziemlich dicht über die ganze Fläche hell und dunkel rötlichbraun bespritzt mit meist kleinen Fleckchen, nur gelegentlich eine dichtere Zone am oberen Ende. Breitoval (k = 1,20).

Graminicola bengalensis striata. Nach BAKER blaß rahmfarben, selten reinweiß, mit hell rotbraunen oder purpurbraunen feinen Spritzern, zuweilen kleinen Blattern, die gewöhnlich in einem undeutlichen Ring oben dichter, sonst überall verstreut stehen. — k = 1,27.

Scotocerca inquieta saharae. Feinheit und Ausdehnung der Zeichnung recht verschieden. Wie bei den folgenden beiden Formen erinnern die Eier bald an kleine zart dicht gefleckte von *Parus,* bald an rosa punktierte von *Troglodytes troglodytes.* Die von Spatz gesammelten im Wiener Museum gleichen auf weißem Grund rötlich gefleckten *Cisticola*-Eiern. Stücke bei Nehrkorn sehen aus wie dunkel und grob gezeichnete von *Aegithalos caudatus,* gelegentlich mit einer Kappe aus zusammengelaufenen roten oder braunen Stippen, und im Museum Koenig (Bonn) zeigt ein über die ganze Fläche stumpf rostrot bespritztes Gelege einen aprikosenfarbenen Hauch infolge eingestreuter lilagrauer Unterflecke. Gelegentlich etwas gröbere Zeichnung. — k = 1,32.

Scotocerca inquieta inquieta. Wie alle Eier der Gattung kurzoval (k = 1,30), mäßig glänzend und auf weißem bis nelkenrötlich gehauchtem Grund fein rötlich dicht über die ganze Fläche punktiert oder mit mattbraunen bis braunrötlichen zarten Fleckchen gewölkt, die am oberen Ende zu einem Kranz gehäuft sind.

Scotocerca inquieta striata. Wie die Nominatform von gedrungener Gestalt und auch sonst kaum verschieden, aber oft ohne Glanz. Zwischen den stets kleinen, schön kastanienbraunen und lilaroten Frickeln fast unsichtbare blaßpurpurne, winzige Unterflecke, zuweilen in einem deutlichen Kranz. — k = 1,30.

Prinia gracilis natronensis. Nach CAIN-COWLEY (Bull. Jourdain Soc. 3, S. 272, 1954) wie die folgende Nominatform. — k = 1,34.

Prinia gracilis gracilis. Meist wie eine Zwergausgabe kräftig und reich gezeichneter Eier von *Erithacus rubecula*, aber viel glänzender, außerdem dichter und lebhafter hellfuchsigbraun gefrickelt, vorwiegend so zart und blaß, daß der Eindruck einer feinen Wölkung des ganzen rahmgelben Grundes entsteht, von dem sich aber immer ein mehr oder weniger stark ausgeprägter Kranz aus dichtesten kleinen Stippen dunkler rostigfuchsbrauner Farbe, meist sehr deutlich, abhebt. Einen noch besseren Vergleich hinsichtlich des Färbungscharakters bietet der fuchsige Typ bei *Prinia sylvatica.* Blassere Stücke klingen an manche stark gefleckte von *Ficedula parva* an. Der Grund ist zuweilen blasser, weißlich, die Fleckung mehr braunrot, leicht rosa gehaucht. Im ganzen wenig variant, auch in der Größe, wenigstens bei den Serien im Museum Koenig (Bonn) und im Britischen Museum. Durchscheinende Farbe blaßorange. Relativ kräftige Schale. Trotz des hohen Glanzes erweist sich das Korn unter der Lupe weniger glatt, als man bei so sehr kleinen Eiern erwarten sollte. Eigestalt breitoval, mäßig verjüngt (k = 1,33).

Prinia gracilis deltae. Ganz wie bei der vorigen Rasse. — k = 1,28.

Prinia gracilis palaestinae. Für „*Burnesia lepida*" erwähnt ANDERSSON nach TRISTRAM (siehe BAKER) rote Färbung mit dunklem Ring am stumpfen Ende. Das dürfte sich auf Eier aus Palästina beziehen, wie die vier Gelege bei HÜE & ETCHÉCOPAR (1970, S. 712) aus Israel, alle rosafarben, nahe legen. — k = 1,29.

Prinia gracilis irakensis. Im gleichen Werk werden Eier aus Jordanien als weißgrundig beschrieben, und vier Gelege vom Irak sind zart grün, offenbar schon denen der nächsten Rasse ähnlich. Den grünlichen Grundton gegenüber einem rötlichen oder weißlichen, den wohl die von Jordanien westwärts verbreiteten *Prinia gracilis*-Populationen aufweisen, haben schon früher TICEHURST, BUXTON & CHEESMAN (Journ. Bombay Nat. Hist. Soc. 28, S. 394, 1923), MAKATSCH (Ool. Rec. 32, S. 50, 1958) und MARCHANT (Ibis 105, S. 545, 1963) bemerkt. — k = 1,24.

Prinia gracilis lepida. Ohne Ähnlichkeit mit allen übrigen *Prinia*-Arten und -Rassen, außer *irakensis* und *stevensi*, könnte man die meisten als winzige von *Turdus merula* beschreiben. Grundfärbung blaß grünlichweiß bis grünlichblau, seltener rahmfarben. Meist erscheint die ganze Fläche ziemlich gleichmäßig und gleichartig dicht übersät mit blaßrötlichen oder lebhafter roten bis hell kastanienbraunen zahlreichen Fleckchen und Frickeln, entweder ungemein zart und dann besonders dicht oder ein wenig gröber und minder dicht, zuweilen kranzförmig gehäuft. Gestalt kurzstumpfoval (k = 1,27). Innenfarbe grünlichweiß. Glanz teils gering, teils stärker. Schale relativ stark.

Ähnlich die Beschreibung bei SHARPE (Ibis 1891, S. 109), SARUDNY (Sapiski Russk. Geogr. Obsch. 36, Nr. 2, S. 424f., 1903), im CAT. BRIT. MUS. und bei BAKER. ANDERSSON (bei BAKER) spricht ebenfalls von grünem Grund mit überall stehenden rötlichbraunen Flecken (vgl. aber oben *g. palaestinae*). Rote Eier kenne ich nicht; solche könnten aber „*lepida*"-Stücken nahe stehen, die NEHRKORN als auf graulichweißem Grund mahagonifarben gefleckt, „wie poliert", beschreibt, wenn da kein Irrtum vorliegt. Baker erwähnt für seine große Serie nichts von besonders hohem Glanz, den ich auch in anderen Sammlungen nicht antraf.

Prinia gracilis stevensi. Wie die matt gefärbten *lepida*-Eier. — k = 1,26.

Prinia maculosa maculosa und *hypoxantha.* Zum Teil wie helle *Cisticola*-Typen, meist aber dunkler im Blau und viel gröber getüpfelt, auch stärker glänzend. Nicht immer scharf zugespitzte Gestalt, etwas länglich (k = 1,41). Schale hart und kräftig, in der Grundfärbung durchscheinend. Diese ist vorwiegend grünlichblau, blasser oder dunkler, gelegentlich als Ausnahme reinweiß oder rosarahmfarben. Häufiger kommen aber auch olivgrüne verschiedener, auch brauner Tönung vor. Die meist nach dem stumpfen Ende hin zunehmende, oft dort einen unregelmäßigen Ring oder eine Kappe bildende Zeichnung variiert wie bei *P. flavicans* und *P. subflava inornata,* besteht also teils nur aus kräftigen Punkten, teils mehr aus rundlichen Blattern, oft aus einem Gemisch beider. Kleine Zeichen fast schwarz, größere hell bis dunkel rotbraun, purpurbraun, braunrot, hellrot, umber, schokoladenfarben und lilagrau bis violettbraun. Mehr oder weniger kühne Blattern laufen zuweilen in große Flatschen aus und werden von haardünnen, geschlängelten Linien am oberen Ende durchzogen, so daß oft ein recht auffallendes Bild entsteht, das für *Prinia* typisch ist, besonders, wenn große dunkle Flecke hellere teilweise überlagern. Spärliche und reichere Zeichnung wechseln ab, wobei bald die eine, bald die andere Fleckenart fehlen kann. Vom Grund bleibt immer viel zu sehen. Ähnliche Typen finden sich bei *Apalis thoracica, Cisticola tinniens* und anderen.

James (Ool. Rec. 12, S. 88—92, 1932), der eine große Serie von *hypoxantha* beschreibt, erwähnt ein besonders schönes Gelege mit fast nur in einem Ring angeordneten, mehrfarbigen Blattern und Wolken auf nelkenrötlichem Grund und ein weißes mit umber-, purpur- und schokoladenbraunen großen Flecken. Nach James (1970, S. 173) auch bläulich- und grünlichweiß in der Grundfärbung, meist aber blaßblau.

Prinia substriata. Ein anderer Typ. Nach Kuschel (1895) grünlichweiß, auch so durchscheinend. Ein paar relativ große dunkelbraune Oberflecke meist rundlicher Form sind gemischt mit ebenso gestalteten violetten Unterflecken, zu denen am stumpfen Ende noch einige blasse Punkte und schwarzbraune Kritzel treten. Nehrkorns Stücke ähneln teils *Prinia subflava inornata,* teils sind sie feinst gefleckt. James (Ool. Rec. 7, S. 2—3, 1927) unterscheidet zwei Varietäten, 1. eine blaßblaue mit kleinen dunkel rotbraunen Blattern und Punkten, die ziemlich gleichmäßig über die ganze Fläche verteilt sind, 2. eine blaß- bis sehr schön tiefgrünlichblaue mit großen zusammenfließenden Blattern und wenigen dicken Linien (nicht so zarten wie bei andern *Prinia*-Eiern) in Leberbraun und Tiefgrau, die meist am oberen Ende dichter stehen. Glanz gering.

Der Cat. Brit. Mus. sagt: blaß seegrün, überall spärlich schokoladenbraun, rötlichbraun und lavendelfarben gefleckt und geblattert, stark glänzend. Die zugehörige Abbildung zeigt aber nur ein paar helle lila Blattern um den oberen Pol, also offenbar ein abnormes Ei. — k = 1,39.

Prinia flavicans flavicans und *ortleppi.* Wie die Eier dieser Art sind die der meisten übrigen *Prinia*-Arten durch dunkle große rundliche, scharf begrenzte

Blattern charakterisiert, die unregelmäßig über die scheckig erscheinende Oberfläche verstreut stehen und manchmal zu großen Flatschen verschmelzen. Eigestalt meist die gewöhnliche (k = 1,37). Grundfärbung vorwiegend hell grünlichblau bis reiner hellblau, auch ohne blauen Ton blaßbräunlich- bis olivbräunlichgrün mit Übergängen zwischen diesen Nuancen. Zwischen den weitläufigen, tief purpurbraunen, fast schwarzen Blattern liegen da und dort kleinere und hellere Blattern und Punkte, auch als hellviolette Unterflecke. Oft umziehen typische äußerst dünne Haarlinien vereinzelt das obere Eidrittel. Zwischen den Flecken bleibt immer der weitaus größte Teil des Grundes frei. Der Glanz ändert ab, ist aber meist beträchtlich. Die durchscheinende Farbe variiert in den Tönen der äußeren. Ausgesprochene Fleckenkränze sind selten, reichlichere Zeichnung nach oben hin häufig. Wahrscheinlich kommen, wie bei *subflava affinis*, auch Stücke mit mehr kastanienbrauner Fleckung vor. Sechs *f. flavicans*-Gelege habe ich bei HOESCH & NIETHAMMER (Journ. f. Orn. 88, Sonderheft, S. 278, 1940) eingehend beschrieben.

Prinia pectoralis pectoralis (und *ocularius?*) (= *Priniops ocularius;* = *Spiloptila*). Sowohl nach STARK & SCLATER (Fauna South Africa. Birds 2, 1901, S. 138) als nach JAMES (Ool. Rec. 5, 1925) ganz blaß blau oder bläulichgrün, ziemlich dicht mit blaßrötlichbraunen, rötlichpurpurnen und lilagrauen Blattern besetzt neben kleineren Flecken. Nach JAMES (1970, S. 173) aber sind 35 Eier blaßblau, manchmal fast weiß, und ungefleckt. Auch die bei KUSCHEL, NEHRKORN und im CAT. BRIT. MUS. aufgeführten Eier sind einfarbig bläulichweiß bis blaßblau. Sie stammen von LAYARD, der sie (Birds South Africa 1, 1875, S. 256, ed. SHARPE) unter *Drymoeca ocularia* so beschreibt, wie auch JAMES 1925 als *Apalis ocularia*. — k = 1,36.

Prinia pectoralis ocularius. BRADFIELD kennzeichnet (bei ROBERTS, Ann. Transvaal Mus. 12, S. 311, 1928) die Eier als blaßrahmfarben mit rötlichbraunen Punkten und übereinstimmend mit *Cisticola fulvicapilla ruficapilla*, wogegen MACLEAN (Ostrich 45, S. 11, 1974), der die Art am liebsten als *Malcorus* absondern möchte, nur einfarbig bläulichweiße fand. Auch das der Kreugersammlung ist so. — k = 1,34. (Taf. 8, Fig. 16.)

Prinia clamans (= *Priniops;* = *Spiloptila*). Glatte, stark glänzende Eier mit rahmweißem bis blaßfleischfarbenem Grund; darauf gelbbraune Spritzer und einzelne dunklere Punkte oder helle und dunkle rostbraune Kleckse neben schwarzen Pünktchen, vorwiegend am stumpfen Ende; feine hellere Punkte vereinzelt auch sonst auf der Oberfläche. — k = 1,39.

Prinia erythroptera kirbyi (= *Heliolais*). Noch wenig bekannte Eier. Gestreckt oval (k = 1,41) und stark glänzend. Auf hell gelbgrünem Grund eine ziemlich dichte, mitteldunkel gelbbraune Wölkung oder zarteste Frickelung, die zwischendurch ebensoviel frei läßt wie sie bedeckt, und die im oberen Polbereich zu einer dunklen Kappe zusammenfließt. Innenfärbung gelbgrünlichweiß. Einigermaßen ähnliche, aber viel größere Eier bei *P. polychroa* und bei dem grünlichen (nicht dem rötlichen) Typ von *P. sylvatica*. Das *P. erythroptera*-Ei ist aber dunkler, viel dichter und umfassender gezeichnet, nicht kranzförmig wie jene, überdies gröber gewölkt.

Prinia subflava. Die afrikanischen und die asiatischen Unterarten dieser vom Senegal und vom Süden Afrikas bis Java verbreiteten Art legen zum großen Teil besonders variable Eier. Trotzdem bieten sie wegen der Häufigkeit ihres Vorkommens vielleicht besonders gute Ansatzpunkte für Studien zur Abhängigkeit der Eifärbung von den Außenbedingungen; denn ihr vorherrschender Eityp ist geographisch einem beträchtlichen Wechsel unterworfen.

Prinia subflava pallescens. Die Färbungstypen dieser Form sind (ob alle erfaßt?) 1. blaß türkisblau, ungefleckt (Darfur, W-Abessinien) oder hell rotbraun getüpfelt oder ebenso grob bis sehr grob gefleckt (Darfur, W-Abessinien), 2. grünlichblau mit Wölkung und Fleckung in verschiedenen braunen Tönen (N-Nigeria), 3. blau mit grober brauner und lila Fleckung, zwischen der Haarlinien in beiden Farben verlaufen können (Kano in N-Nigeria), 4. blaßblau mit rostroter Sprenkelung (Kano), 5. bläulichgrün mit blaß gelblichbrauner Kappe und sonst rötlichbrauner Pünktelung und Wölkung (Zaria, N-Nigeria), 6. sehr blaß grünlich, rötlichbraun gewölkt und mit weinfarbenen Kritzeln und Fleckchen darüber (Zaria), 7. weiß, rostrot gefrickelt in zusammenhängender Kappe am stumpfen Pol (Kano), 8. weiß mit dichter feiner lachsfarbener Fleckung, die das Ei einfarbig erscheinen läßt (Darfur), 9. weiß mit scharf abgesetzten rotbraunen Flecken (Darfur), 10. rahmfarben, schön in verschiedenen Brauntönen und blaß lila gefleckt und geblattert (Kano), 11. lachsrot, tiefer rot gefleckt (W-Abessinien), 12. rot mit dichter feiner rötlichbrauner Fleckung (Kano). (Lynes, Ibis 1925, S. 101f.; Shuel, Ibis 1938, S. 240, 475, Taf. IX, Fig. 1—8, u. Cheesman, vgl. Bannerman Bd. 5, S. 222f. u. 225, 1939, Serle, s. Bannerman Bd. 8, S. 438, 1951.) Madarász (1918) beschrieb gelblichrosa Eier aus Sennar, die grobe rostfarbene Flecke nahe dem stumpfen Pol trugen. — k = 1,36.

Prinia subflava subflava. Nach Serle (Ibis 1940, S. 18) wie Eier von *pallescens* aus Kano. — k = 1,39. (Taf. 8, Fig. 17.)

Prinia subflava melanorhyncha. Nach Holman (s. Bannerman Bd. 5, 1939, S. 225) blaß grün, blaß oliv, grünlichweiß oder hellbraun, Frickelung oder grobe Fleckung und (oft) Kritzelung braun oder rötlichbraun. In einem Vierergelege sehr verschiedene Eiform. — k = 1,29.

Prinia subflava immutabilis. Nach Granvik (Journ. f. Orn. 71, Sonderheft, S. 192, 1923) am Elgon bläulichgrün mit großen und kleinen, dunkelbraunen Flecken über die ganze Oberfläche, dichter am oberen Ende, dazu lilabräunliche Unterflecke und schwarze Punkte. Chapin (1953, S. 408) beschrieb vom Uelle und von Uganda hellblaue und blaß grünlichblaue Eier, die in verschiedenen Tönen rotbraun und braun gefleckt und geblattert waren, wozu purpurbraune Fleckung oder Wölkung vor allem am stumpfen Ende kommen können. — k = 1,27.

Prinia subflava tenella. Charakter wie bei *affinis*. Die von James (1970) aus Entebbe (Uganda) gemeldeten Eier sind grünlichblau mit rötlichbraunen Flecken. Schuster (Journ. f. Orn. 74, S. 738, 1927) fand ein Gelege von Daressalam blaugrün mit vereinzelten verwischten rostroten und aschvioletten Flecken, dazwischen stehenden, vereinzelten, ganz scharf umrissenen dunkelrostroten oder fast schwarzen Punkten und am stumpfen Ende auftretender schwarzer Haarzeichnung. Nach KUSCHEL (1895) kommt noch hell olivgrüner Grund mit hellbraunen und gelbbraunen Tupfen und Wolken hinzu. Nach ihm haben Eier mit rein blaugrünem Grund selten die Kritzelzeichnung. LYNES (1934) erwähnt neben blauen auch rötliche Typen, die manchmal an gewisse (kleine, glänzende) *Fringilla coelebs*-Eier erinnern. Braunrötliche und rote, die meist rot gefleckt oder gekritzelt sind, führen PRAED & GRANT (1955) an. — k = 1,36.

Prinia subflava graueri. Nach PRIGOGINE (Ann. Mus. Afr. Centr. 8° Zool. 185, S. 158, 1971) grün mit braunroter grober Fleckung. — k = 1,33.

Prinia subflava affinis. BELCHER kennt vom Niassaland tiefgrüne, auch weiße oder rötliche Eier mit rotbrauner Fleckung und fast immer (schwärzlichen) Haarlinien. Die südlicher gefundenen Eier ändern in denselben Grenzen ab wie Eier von *P. flavicans* und *P. maculosa*; doch scheint eine merkwürdige Grundfärbung besonders häufig zu sein, die ein blasses Gemisch aus Olivbraun und Olivgrün darstellt, wie es auch bei *inornata* vorkommt. Daneben oft ein satt rahmfarbener oder rosabraun bis nelkenrötlich getönter Grund mit leberbraunen bis kastanienfarbenen Flecken und Blattern in mehreren Schattierungen. Überdies auch rötlich gehauchter und blaß olivgrünlichgrauer Grund, zuweilen mit feinen Kritzeln im Polgebiet, die auch sonst gelegentlich zu finden sind. Die Haarlinien sind nach ROBERTS (1957) schwarz und befinden sich hauptsächlich in einer Zone um den stumpfen Pol. Ob seine Maße von 150 Eiern sich nur auf diese und die nächste Rasse beziehen, ist nicht sicher. Auffällig erscheint, daß JAMES (1970) in einer kleinen Serie auch weißen, grünlichweißen und blaß grünlichblauen Grund fand, s. den hellblauen und olivgrünen Grund auf Tafel 34 von PITMAN in THOMSON (1964, S. 704). — k = 1,31.

Prinia subflava pondoensis. Nach JAMES (1970, S. 172) ähnlich *affinis.* — k = 1,36.

Prinia subflava — asiatische Rassen. Aus seinem reichen Material an Eiern der indischen Rassen dieser Art gibt BAKER (1933, S. 487—492) ein gutes Beispiel für geographische Variation innerhalb der Art. Insgesamt sieht man dieselben Varietäten wie bei den meisten vorstehend beschriebenen *Prinia*-Eiern, in den verschiedenen Gegenden aber vorherrschende Färbungen wie folgt:

Prinia subflava insularis und *franklinii,* Ceylon und S-Indien: Besonders schönes reines, leuchtendes Blau mit wenigen tief roten, purpurbraunen, fast schwarzen Flecken und Punkten sowie weniger Linienzügen. — k = 1,35.

Prinia subflava inornata, terricolor und *fusca,* Mittel- und Nord-Indien: Entschieden weniger leuchtend blau, Zeichnung weniger tief gefärbt, oft rötlichbraun statt schwärzlich, also der gewöhnliche blaue Typ. So auch bei *inornata* im größten Teil der Provinz Oudh (United Provinces). Aber in einem kleinen Gebiet der Gegend um Gonda legt diese Rasse meist weiße Eier mit kühnen blutroten und schwärzlichen Flecken und Blattern. — k = 1,35.

Prinia subflava burmanica, Assam und Burma: Mehr mattblaue Eier, die oft nelkenrötlich (pink) getönt sind. — k = 1,33.

Prinia subflava blanfordi, Süd-Burma: Matt nelkenrötliche bis lachsfarbene Eier mit rötlichen Blattern und Schnörkeln, ganz selten mit bläulichem Grund, besonders oft mit einer Kappe; nähert sich *herberti*. — k = 1,36.

Prinia subflava herberti, Mittel- und Süd-Thailand: Besonders schön fleischfarbener Grund bei vier von fünf Eiern, mit großen blutroten, purpurroten oder fast schwarzen Blattern und Linien und mattrötlichen Unterflecken.
Die Ursache für den Übergang von brillantem Blau auf Ceylon zu brillantem Nelkenrot (pink) in Thailand ist bisher unbekannt.

Prinia subflava extensicauda. Nach SWINHOE (Ibis 1860, S. 50) hell grünlichblau mit schokoladenbraunen Flecken und Haarlinien, besonders am oberen Ende, also vom grünen Typ, den auch LA TOUCHE (neben rotlila Unterflecken) erwähnt. Bei NEHRKORN wie *affinis* („*mystacea*"). Die Stücke im Britischen Museum gleichen *inornata*, nicht *blanfordi*. — k = 1,33.

Prinia subflava formosa. Schön blaßblau mit großen tief kastanienbraunen und blaß blaugrauen Blattern und Linien, oft in einem Kranz (nach YAMASHINA & YAMADA, Tori 10, S. 69ff., 1938), nach HACHISUKA & UDAGAWA (1951, S. 49) sogar smaragdgrün mit hell sepiabraunen und braunen Frickeln und sepiabraunen Punkten. — k = 1,34.

Prinia subflava blythi. Die Eier kommen den großfleckig gezeichneten von *inornata* völlig gleich. Trübweißlicher, nur sehr leicht graugrünlich oder ganz blaß bläulich gehauchter Grund scheint zu überwiegen. Bei meinen Stücken wie auch bei NEHRKORNS lagern große lilagraue, hellbraune und dunkel kastanienbraune Blattern teilweise übereinander und fließen zu auffallend umfangreichen und oft fast runden Flatschen zusammen. — k = 1,40.
Freilich kann es sich bei der geographischen Variation von *Prinia subflava*, wie gesagt, nur um ein Überwiegen der einzelnen Varietät handeln, denn alle diese verschiedenen Typen kommen auch zum Beispiel bei *subflava pallescens* oder *affinis* in Afrika vor und werden sich bei den asiatischen Formen überschneiden, wie sich aus BAKERS Einzelbeschreibungen ergibt.

Prinia somalica erlangeri. Die Eier in v. ERLANGERS Sammlung (Journ. f. Orn. 53, S. 725, 1905) sind blaßgrünlich oder blaßrötlich mit hellrostfarbenen und kastanienbraunen Fleckchen und Pünktchen, die dichter am stumpfen Ende stehen, wo oft dunkle Haarlinien und Schnörkel hinzutreten. — k = 1,42. — Der nächste Verwandte von *P. subflava* hat also ganz ähnliche Eier.

Prinia molleri. Nach PREAD & GRANT (1973, S. 355) grünlichblau mit braunen oder blaßbraunen Fleckchen, die zur Ringbildung um die Eimitte neigen. — Abnorm lang gestreckt (k ~ 1,50).

Prinia leucopogon leucopogon. Glanzlos, oft langoval (k = 1,44). Auf weißem bis blaßgrünlichblauem Grund etwas spärlich und matt gezeichnet mit schokoladenrötlichen oder mehr rötlichbraunen neben blaßlilagrauen, ziemlich großen, ausgeprägten Flecken und Blattern, die isoliert stehen. So bei BATES. Nach PRIGOGINE (Ann. Mus. Afr. Centr. 8° 185, S. 157, 1971) auf glänzend weißem

Grund große scharf begrenzte ziegelrote Blattern, die unregelmäßig verteilt sind, neben einigen weniger scharfen und helleren Flecken.

Prinia robertsi. Lebhaft türkisblau, grob mit großen runden schokoladenbraunen Ober- und darunter liegenden graulila Unterflecken gezeichnet (ROBERTS 1957). — k = 1,34.

Prinia bairdii bairdii. Von Bates gesammelte Eier des Britischen Museums sah ich teils grünlichweiß mit braunen Wolken, einzelne fast einfarbig braun erscheinend, teils schön blaugrün mit feinen Frickeln und Fleckchen von rötlicher Färbung überall, aber dichter am oberen Ende, wie grüngrundige Eier unserer Amsel (*Turdus merula*), auch mit kräftigeren Flecken. Glanz ziemlich stark. Ähnliches gibt es bei *Orthotomus.* Gestalt kurz stumpfoval (k = 1,26).

Prinia bairdii obscura. Nach PRIGOGINE (Ann. Mus. Congo belge, Zool. 24, S. 58f., 1953) weiß mit ungleichmäßigen rosa Flecken und Flatschen, besonders am stumpfen Pol. — k = 1,31.

Prinia atrogularis atrogularis (= *Suya*). Meist stumpfoval (k = 1,33) und nur mäßig glänzend. Während bei den anderen „*Suya*"-Eiern (*P. polychroa*) die fuchsigbräunlichen Typen bei weitem überwiegen, falls sie nicht überhaupt allein vorkommen, gibt es bei *atrogularis* fast nur solche mit blaßbläulichem oder grünlichem Grund, die dementsprechend auch bläulichweiß durchscheinen. Überdies ist die Zeichnung nicht verwischt, sondern besteht in lose überall verstreuten, winzigen dunklen Punkten und kleinen, aber ziemlich scharf markierten kastanienbraunen Flecken, die zuweilen mehr nach sepia ziehen und fast immer einen Kranz oder eine Kappe im oberen Eidrittel bilden. In den Sammlungen blaßt der Grund stark aus, so daß nur ein Blauweiß (oder Weiß, nach JAMES 1970) übrig bleibt. BAKER (1933, S. 473) beschreibt aus dieser Variationsbreite acht Typen genauer, zwischen denen es Übergänge gibt.

Prinia atrogularis khasiana. Von vorigen kaum verschieden, wenngleich mit einer weniger großen Überzahl der grün- und blaugrundigen Eier (BAKER 1933, S. 474). Es gibt auch weißgrundige Eier mit hellroten bis fuchsigen Flecken, denen am stumpfen Ende blaß lilagraue Unterfleckchen beigemischt sein können. — k = 1,33.

Prinia atrogularis superciliaris. Nach LA TOUCHE & RICKETT (Ibis 1905, S. 35) und LA TOUCHE (1926) sehr blaß grün mit roten Sprenkeln. BAKER findet die Eier gleich denen von *R. atrogularis.* NEHRKORNS Stücke haben auf himmelblauem Grund rostfarbene, meist etwas in die Länge gezogene Flecke, hauptsächlich in einem Kranz am stumpfen Ende. Manche zeigen wie *P. familiaris* nur feine rosabraune Punkte. Der Glanz ist unbedeutend. — k = 1,34.

Prinia polychroa criniger. In nur geringem Grade abändernde Eier, meist von wenig zugespitzter Eigestalt (k = 1,38). Auf weißem bis rahmgelbem Grund über die ganze Fläche lose verteilte, oben vorwiegend in einem dichten Kranz zusammengedrängte fuchsig- oder rostigbraune Flecke und Wischer, die in der Regel klein und hell verwaschen erscheinen sowie wenig vom Grund abstechen. Keine

Blattern. Teils mit, teils ohne Glanz. Der Farbton kann auch von blaß kastanienrot bis tief braunrot variieren. Dunkel erscheint auf dem Ei nur der Kranz. Anscheinend keine grünliche Tönung, im Gegensatz zu den übrigen Formen dieser Art.

Prinia polychroa assamica. Stärker variierend als *criniger*, da auch blasse Töne von Grün, Grünlichblau und Lachsrot als Grundfärbung auftreten, neben Weiß und Rahmgelb. Außer dem vorherrschenden Typ mit Kranz zuweilen auch gleichmäßigere Verteilung der dichten Frickel, Spritzer, Blattern; oft aber ist das schlanke Ende nahezu ungefleckt oder nur spärlich gezeichnet. — k = 1,30.

Prinia polychroa cooki. Sehr blaß trüb nelkenrötlich bis hell rötlich, wie üblich mit Kranz, oder weiß mit grünlichem Hauch und ganz spärlicher Fleckung. — k = 1,38.

Prinia polychroa striata. Nach YAMASHINA & YAMADA (1938) blaß blaugrüner Grund mit einem Kranz wie bei *assamica.* — k = 1,34.

Prinia polychroa polychroa. Wie *P. sylvatica.* Nach BERNSTEIN (Journ. f. Orn. 7, S. 263, 1859) spitzoval bis fast elliptisch (k = 1,36), sehr hell grün, gewölkt mit sehr kleinen, undeutlichen, blaßrostfarbenen Fleckchen und Punkten, die am stumpfen Ende einen dunklen graulichrostfarbenen Ring oder eine Kappe bilden. Diese ist nicht scharf abgesetzt, geht vielmehr, wenngleich auf nur kurzer Strecke, in die Wölkung über. Ebenso dem ersten *sylvatica*-Typ gleich sind NEHRKORNS und meine Exemplare sowie die blaß grünlichblau genannten der Sammlung des National Museum of Rhodesia in Salisbury (JAMES 1970). Der Glanz ist unbedeutend. Bei dem einzigen Stück des Britischen Museums liegt auf ganz blassem grünlichen Grund oben eine schwere kastanienbraune Kappe, der sich im oberen Drittel nach unten hin einige leicht verwischte braune Blattern anschließen. Dies ist offenbar eine ungewöhnliche Varietät; denn die übrigen Eier kommen in der Färbung blassen, schwach gezeichneten von *Saxicola torquata* nahe. Irrig sind die Angaben bei BIDDULPH (wie *P. subflava inornata* beschrieben) und bei *A.* B. MEYER (1884, ungefleckt bläulichweiß). Blaßgrün durchscheinend. Glanz gering.

Prinia familiaris olicacea. Bei dieser Art sehen wir zartgefleckte *Cisticola*-Typen wieder. Im Gegensatz zu den Eiern der meisten *Prinia*-Arten sind die von *familiaris* nicht grobblattrig gezeichnet, sondern mit zarten lehmfarbigen bis blaßrotbraunen Pünktchen auf grünlichweißem oder mehr bläulich getöntem Grund reichlich übersät, am stumpfen Ende etwas dichter, zum Teil verwaschen. HELLEBREKERS (HELLEBREKERS & HOOGERWERF 1967) findet sie *Erithacus rubecula*-Eiern ähnlich, HOOGERWERF manche nicht von *P. p. polychroa* unterschieden. — k = 1,37. Nichtgrobblattrige Eier auch bei *P. sylvatica* und *polychroa*, jedoch ganz anderen Charakters als bei *P. familiaris*, ferner bei den früher nicht in diese Gattung gestellten.

Prinia sylvatica gangetica, sylvatica und *valida.* Ein weiterer, von allen anderen vollkommen abweichender *Prinia*-Eityp, wenn man nur die alte Gattung *Prinia* betrachtet, abgesehen von *P. polychroa polychroa* (und *P. erythroptera kirbyi,* früher *Heliolais*). Auf blaß grünlcihweißem bis matt grünlichblauem Grund, der zum Ausblassen neigt, überall durch feinste bleichbraune Frickelchen fast unsichtbar gewölkt, nur gelegentlich auch mit etwas deutlicheren Flecken, die regelmäßig einen dunkel gelbbraunen Ring am stumpfen Ende bilden. Eine vielleicht nicht seltenere Varietät mit stärkerem Glanz und gleichem Zeichnungscharakter zeigt warm rahmgelben Grund mit nur im Kranz dunklen, sonst sich kaum abhebenden, aber sehr dichten fuchsigbraunen Frickelchen, so daß einige Ähnlichkeit mit Eiern von *Prinia polychroa criniger* besteht. In blassen Tönen der Grundfarbe durchscheinend. Eigestalt gestreckt oval, mehr oder weniger zugespitzt (k = 1,38, bei *valida* 1,39).

Prinia socialis stewarti, inglisi, socialis und *brevicauda* (= *Burnesia*). Die Eier dieser Art und eines Teils der folgenden bringen weitere oologische Typen in die Gattung *Prinia*, in die sie mit anderen *Burnesia*-Arten einbezogen wurden. Sie zeigen eine einzig dastehende Färbung, die nicht nur von der der anderen *Prinia*-Arten, sondern von allen Arten überhaupt auffallend absticht. Sie fallen nicht nur durch außerordentlich hohen Glanz auf, sondern auch durch ungewöhnliche Färbung, die an poliertes Mahagoniholz erinnert, ein wenig heller und nicht so rot wie bei dem sonst ähnlichen Ei von *Cettia diphone cantans*, sondern eher fuchsig getönt. Erst bei näherer Betrachtung der einfarbig erscheinenden Oberfläche erkennt man an vielen Stücken eine äußerst zarte Wölkung, die manchmal im oberen Drittel noch verdunkelt und verdichtet ist. Soweit vom Grund überhaupt etwas zu sehen bleibt, zeigt er sich nur wenig heller als der Gesamteindruck. Baker und Kutter bezeichnen die prachtvolle Färbung als ziegelrot, der Cat. Brit. Mus. als kastanien- bis purpurbraun, wovon ich nur den treffenden Hinweis auf Glanz und Färbung ausgefallener Kastanien gelten lassen möchte. Auch „leuchtend terrakott", wie Sharpe (Ibis 1889, S. 278, betrifft wie bei Kutter die Borneo-Form von *flaviventris*, s. Liste) sagt, erscheint unzulänglich, es fehlt uns eben das richtige Wort. Innenfarbe hellmahagoni. Eigestalt durchweg kurzoval, teils stumpf, teils spitz am schlanken Ende (k = 1,35 bzw. 1,31).

Prinia flaviventris sindiana, flaviventris, latrunculus und *rafflesi*. Wie *P. socialis*. — k = 1,30 — 1,33.

Prinia flaviventris sonitans (früher *Burnesia*). Ein Übergangstyp. Im Farbton zum Teil gleich dem der vorigen 8 Formen, jedoch nicht ganz einfarbig, sondern auf blaßfuchsigem Grund grobfleckig fuchsigkastanienbraun bis mahagoni gewölkt, oben dicht, nach unten hin sich auflockernd. Im ganzen etwas weniger Glanz als bei den beiden vorhergehenden Gruppen. Eine zweite Spielart ist noch matter und läßt zwischen lockeren verwischten Fleckchen braunerer Farbe viel trübweißen Grund sehen. Nach oben hin verdichtet und vergrößert sich die Zeichnung allmählich zu einer breiten Zone aus zusammenfließenden, dunkelbraunen (nicht rötlichen) bis kastanienbraunen und selbst schwärzlich purpurbraunen gröberen Flecken. Durchscheinende Färbung trübweiß. — k = 1,28. Harterts Beschreibung (Novit. Zool. 17, S. 238, 1910), genau wie *P. subflava inornata*, beruht auf Verwechslung. Wohl aber kommen gelegentlich Varietäten vor, die an *P. fl. flaviventris* heranreichen. (Taf. 8, Fig. 18.)

Prinia burnesii burnesii (= *Laticilla*). Ziemlich glänzende, stumpfbreitovale Eier (k = 1,29), die auf weißem, oft grau oder grünlich gehauchtem Grund überall recht dicht mit verschieden großen, unregelmäßigen Flecken umberbrauner bis dunkelrötlichbrauner, manchmal purpurbrauner Färbung bedeckt sind. Die Flecke erscheinen zuweilen scharf eckig, wie zerrissen, nicht rundlich, und sind gewöhnlich ziemlich grob, manchmal wie ein Netz von Spritzern, Stricheln und Schnörkeln in Grau und Graubraun, das nach oben hin verdichtet ist. Auch Stücke mit rahmfarbenem Grund und besonders am stumpfen Ende stehenden großen rosaroten Flecken kommen vor, wie OATES (bei HUME) angibt.

Prinia burnesii cinerascens. Nach BAKER wie *b. burnesii*, aber mit stärker ausgeprägtem grünlichen Ton. Breitoval (k = 1,21).

Prinia hodgsonii rufula, hodgsonii, albogularis und *pectoralis* (= *Franklinia gracilis*). Kleine glänzende Eier von wechselnder Gestalt, stark abändernd in der Färbung, ganz ähnlich wie bei europäischen *Cisticola juncidis cisticola.* Viele Stücke sind ungefleckt weiß oder lebhaft hell blau bis grünlichblau, andere auf einem ebenso gefärbten Grund, der aber auch leicht rosa oder grau gehaucht sein kann, mit zarten, fast immer hellrötlichbraunen, zuweilen lebhafter roten Fleckchen und Pünktchen besetzt, die gleichmäßig verteilt oder nach oben hin dichter stehen. Obwohl die Zeichnung oft ziemlich dicht ist, bleibt die Oberfläche doch recht hell wegen der Winzigkeit und Blässe der Punkte und Spritzer. Nur Kränze am stumpfen Ende, die jedoch nicht gerade sehr häufig vorkommen, sind dunkler, auch kastanienbraun. Unterflecke wie die Grundfarbe. In seiner riesigen Serie stellte BAKER fest, daß ungefleckte Eier deutlich stärker glänzen und größer sind (15,4×11,4) als gefleckte (14,6×10,6 mm) gegenüber dem Durchschnitt D_{400} = 14,7×11,1 mm. Was hier für normale Eier gilt, ist von ungewöhnlich großen und abnorm kleinen anderer Arten bekannt, indem jene oft weniger oder gar nicht pigmentiert, aber glänzender, diese in der Regel dunkler gezeichnet sind. — k = 1,32.

Prinia rufescens rufescens (= *Franklinia*). Nach BAKER wie *P. hodgsonii*, im ganzen vielleicht etwas kräftiger gezeichnet. Bei NEHRKORN und im Britischen Museum nur bläuliche Stücke, fast immer gefleckte, meist mit einer Zone fuchsigroter oder rötlichbrauner Zeichnung am breiteren Ende. Da auch DAVISON keine anderen erwähnt, scheint hier der blaue Typ dominant geworden zu sein. — 1,29.

Prinia rufescens austeni (= *Franklinia*). Obwohl der Vogel nicht größer als *P. hodgsonii* ist, besitzt er doch im Durchschnitt merklich größere Eier (G = 1,15 : 0,92 g). Blaugrundige Stücke herrschen vor. — k = 1,36. (Taf. 8, Fig. 19.)

Prinia cinereocapilla (= *Franklinia*). Nach HUTTON blaßblau mit einem Kranz rotbrauner Flecke am stumpfen Ende. Im Britischen Museum nur zwei einfarbig blaue Exemplare. Ebensolche in der Sammlung Nehrkorn neben zart schwarzbraun punktierten. In Sikkim fand Schäfer glänzend weiße Eier mit locker stehenden rosa bis rostroten Fleckchen, ähnlich hell und grob gezeichneten von *Phylloscopus collybita.* — k = 1,37.

Prinia buchanani (= *Franklinia*). Meist abweichend von *P. hodgsonii* durch vorwiegend dichtere Zeichnung, die an *Phylloscopus sibilatrix* erinnert, nur daß sie viel zarter punktiert und schmutzigrot bis purpurrot gefärbt ist, mit lilagrauen

Unterfleckchen dazwischen. Als Folge hiervon und wegen der mehr grau getönten Grundfärbung oft von erheblich anderem Gesamteindruck als jene. Zuweilen liegen oben etwas größere, trübbraune Fleckchen über den kleineren, die recht gleichmäßig über die Oberfläche verteilt stehen. Durch Überlagerung rötlichbrauner und grauer Punkte erscheinen diese zum Teil dunkel sepiabraun, also schwärzlicher. Glanz gering. — k = 1,33.

Apalis. Die Eier der *Apalis*-Arten zeigen Fleckungscharaktere wie bei *Phylloscopus, Prinia, Parus* und *Certhia.* (Ob *A. cinerea brunneiceps* immer poliert einfarbig mahagonibraune Eier legt, ist wohl zweifelhaft. Hrsg.) Die Variationsbreite innerhalb der Arten und Rassen ist groß.

Apalis pulchra pulchra. Blaß grünlichweiß, gelegentlich rötlichweiß mit leber- oder rötlichbraunen Ober- und violetten Unterflecken. k = 1,55, also sehr lang oval (VAN SOMEREN, Nov. Zool. 29, S. 220, 1922, u. CHAPIN 1953, S. 303).

Apalis thoracica griseiceps. Nach PRAED & GRANT (1955, S. 399) weiß mit braunroten Spritzflecken am stumpfen Ende, manchmal auch blaugrundig. In Gestalt und Größe variabel. k = 1,35.

Apalis thoracica murina. LYNES (Journ. f. Orn. 82, Sonderh., S. 89, 1934) fand hell türkisblaue Eier nur leicht mit unregelmäßigen, indischroten Wolken und Frickeln gezeichnet, nach oben hin dichter als auf der übrigen Fläche. — k = 1,31.

Apalis thoracica flavigularis. Nach BELCHER (The birds of Nyasaland. London, 1930, S. 230) langoval (k = 1,42), reichlich rotbraun bespritzt, gewöhnlich mit dichterer Zone im Polgebiet. Grundfärbung nicht angegeben, weiß oder blaßblau?

Apalis thoracica youngi. Nach PRAED & GRANT (1955, S. 297) sehr blaßblau mit der bei *murina* angegebenen Zeichnung.

Apalis thoracica rhodesiae. Nach CHUBB grünlichblau mit kühnen, rötlichbraunen neben purpurnen Blattern und Flecken. — k = 1,48.

Apalis thoracica venusta. Nach CHUBB auf blaßblauem Grund hell rote und rötlichbraune, in Zahl und Größe von Gelege zu Gelege schwankende feine und grobe Flecke. Ein Gelege mit gleichmäßig verstreuten dunkelroten Fleckchen auf weißem Grund. — k = 1,39.

Apalis thoracica thoracica, claudei, capensis und *griseopyga* (auch *venusta* und *flaviventris?*). Entweder blaßblau (blaß grünlich, sagt JAMES 1970, blaß grünlichblau ROBERTS 1957) mit ziemlich großen rötlichpurpurnen, rosabraunen bis krapproten neben blaßlilagrauen Blattern hauptsächlich im Polbereich, oder reinweiß, *Troglodytes*-artig fein rotbraun oder purpurgrau gefrickelt. Übergänge haben grobe Zeichnung auf weißem Grund und zarte auf bläulichem oder grünlichweißem Grund — nach ROBERTS 1957 gibt es gelegentlich nelkenrötlichweißen Grund. Die spitze Hälfte ist nur spärlich bedacht. Die Flecke sind scharf markiert. Die Schale ist glatt, glänzend und von wechselnder Gestalt, gelegentlich selbst zweispitzig langoval (k = 1,40). SWYNNERTON (Ibis 1907, S. 56f.) sah im Gasaland bei Vögeln mit weißen Eiern breitere Brustbänder der Weibchen, wie sie bei *thoracica, claudei* und *venusta* gegenüber *griseopyga, capensis, rhodesiae* und *flaviventris* vorhanden sind. — Die 68 Eier bei ROBERTS (1957) sind nicht in die Liste aufgenommen, da sie vielleicht auch die weit nördlich brütenden Rassen betreffen. Ihre Variationsbreite ist allerdings kleiner als die der Art, der Durchschnitt 17,1 × 12,5 ergibt eine länglichovale Durchschnittsform (k = 1,38).

Apalis ruddi. Nach ROBERTS (1957, S. 333) leuchtend türkisblau und grob mit großen rostfarbenen Flecken verschiedener Größe gezeichnet, vorwiegend am stumpfen Ende. — k = 1,35.

Apalis jacksoni jacksoni. Nach BELCHER (in CHAPIN 1953, S. 299) hell bläulichgrün mit sehr sehr kleinen, rötlichen Flecken, ähnlich *A. flavida,* aber etwas kleiner.

Apalis chariessa macphersoni. Nach PRAED & GRANT (1955, S. 414) blaßgrün mit gelblichbraunen und darunter schmutziggrauen Flecken. — k ~ 1,55.

Apalis binotata binotata. Nach OGILVIE-GRANT (bei BATES) stumpflangoval (k = 1,45), nur wenig glänzend, hellgrünlichblau mit sehr kleinen roten Punkten, leicht verwischt. Das obere Polgebiet ist blaßrostrot getönt, offenbar ein Ausnahmefall.

Apalis flavida viridiceps. In v. ERLANGERS Sammlung (Journ. f. Orn. 53, S. 729f., 1905) ähnlich den Eiern von *A. rufifrons smithii,* jedoch feiner gefleckt. Ein Gelege mit hellgrünlichgelbem Grund und stärkerem Glanz ist aber gleichmäßig ohne Kranz reichlich und ziemlich grob rostfarbig gezeichnet. — k = 1,42.

Apalis flavida malensis. Nach PAGET-WILKES (Ibis 1938, S. 125) „olive“ mit sehr feinen braunroten Fleckchen in einer Zone um das stumpfe Ende gehäuft, sonst vereinzelt.

Apalis flavida flavocincta. Blaß grün, sehr fein, unauffällig, aber deutlich orangebräunlich gesprenkelt und gefleckt. Am stumpfen Pol außerdem graulila Unterflecke, die dort mit den Oberflecken einen Ring bilden. (SERLE, Ibis 1943, S. 60). — k = 1,28.

Apalis flavida golzi. Nach MADARÁSZ-KATONA (Ool. Rec. 15, S. 178, 1935) grünlichweiß mit bräunlichen Flecken. — k = 1,36.

Apalis flavida tenerrima. Nach ROBERTS (1940) blaß grünlich mit zahlreichen, nicht scharf abgesetzten weinroten Fleckchen und einigen undeutlichen aschgrauen Unterflecken. — k = 1,46.

Apalis flavida neglecta. Nach BELCHER dicht rot gefrickelt. — k = 1,50.

Apalis flavida florisuga. Weiß mit braunroten Spritzern und Fleckchen (BELCHER 1930). — k = 1,40.

Apalis cinerea cinerea. Nach PRAED & GRANT (1955, S. 401) blaßblau, fein rötlichbraun gefrickelt. — k ~ 1,33.

Apalis cinerea brunneiceps. Nach den Sammlungen Nehrkorn und Schönwetter so dicht gepunktet oder gewölkt, daß sie mahagonibraun wie *Prinia flaviventris* sind (s. Einleitung zur Gattung *Apalis*, S. 626). — k = 1,35.

Apalis melanocephala fuliginosa. Blaß grünlich, grob braun, kastanienfarben und trüb purpurgrau gefleckt und gefrickelt. (PRAED & GRANT 1955). — k = 1,29.

Apalis rufifrons smithii. Stark abändernde Eier. Solche mit hellgrünlichem Grund tragen blaßbraune Blattern, ähnlich wie bei *Prinia somalica erlangeri.* Die mit weißem Grund zeigen einen anderen Charakter. Manche sind zum Verwechseln *Phylloscopus* ähnlich, andere nur sehr fein rotbraun bespritzt wie *Troglodytes*, weitere haben zusammenfließende ziegelrote Flecke. So nach v. ERLANGER (Journ. f. Orn. 53, S. 726—728, 1905), der aus N-Somalia auch Eier mit reichlicher ziegelroter Pünktelung und wenig Fleckchen auf weißem Grund beschreibt. — k = 1,32.

Apalis pulchella (= *Phyllolais*). Nach PAGET-WILKES (Ibis 1938, S. 126) aus NO-Uganda 2 Eier in einem Hängebeutel, nilwasserfarbig mit kleinen schokoladenfarbenen Flecken am stumpfen Ende. PRAED & GRANT (1955, S. 421) führen außerdem grünlichblaue Eier mit rötlichbraunen oder graubraunen Fleckchen am stumpfen Ende an. — k = 1,45.

Eminia lepida. Die Zweier- und Dreiergelege befinden sich in einem (gewöhnlich aufgehängten) Kugelnest, das an Nektarvogelnester erinnert. Eier nach SERLE (Ibis 1943, S. 70) länglichoval (k = 1,51), ungefleckt blaßblau, ein Ei mit sehr wenigen undeutlichen rötlichbraunen Fleckchen. Außerdem weiß mit wenigen hellen schokoladenbraunen, leberbraunen und sehr blaß orangebraunen Flecken und Flatschen vor allem am stumpfen Ende. Nach PRAED & GRANT (1955, S. 422) auch weiß mit einigen purpurbraunen Flecken oder Flatschen.

Hypergerus atriceps. Blaßblau mit violetten oder rötlichbraunen Flecken und Flatschen, die am dicken Ende dichter stehen (LANG, Bull. Niger. Orn. Soc. 6, S. 127f., 1969, s. PREAD & GRANT 1973, S. 312). Nest wie bei voriger Art (GRIMES, Bull. Brit. Orn. Club 94, S. 94f., 1974). — k = 1,49,

Stenostira scita. Breitoval (k = 1,34), ziemlich glänzend. Gelbgrünlichbrauner oder hellbrauner Grund entweder mit einer unbestimmten Zone etwas dunklerer Tönung oder mit einem stärker ausgeprägten Kranz dunkel gelbbrauner Blattern. Andere tragen außerdem noch über die ganze Fläche verteilte kleine, verloschen grünlichbraune Flecke, die teilweise zusammenfließen (JAMES, Ool. Rec. 2, S. 42, 1922). Dagegen beschreibt NEHRKORN seine Stücke als hell- bis dunkelgrau mit Kranz von dunkelgrauen Flecken, die zum Teil wie mit dem Pinsel ausgezogen erscheinen. Noch sehr seltene Eier.

Die bei NEHRKORN hierher gestellten blauen Eier von *Tarsiger chrysaeus* nahm ich zu den anderen *Tarsiger*-Arten bei den Turdidae.

Bathmocercus cerviniventris vulpinus. Nach PRIGOGINE (Ann. Mus. Afr. Centr. 8° Zool. 185, S. 159, 1971) im Kugelnest mit Seiteneingang, das am Boden stehen kann, mattweiße Eier entweder ohne oder mit groben schwarzen und hellgrauen Flecken. — k = 1,41.

Camaroptera superciliaris willoughbyi. Nach HOLMAN (Ibis 1947, S. 648) sehr blaß blau, dunkelbraun gefleckt und gefrickelt.

Camaroptera chloronota chloronota. Von OGILVIE-GRANT (bei BATES, Ibis 1911, S. 621) als ähnlich wie bei *C. brachyura tincta* beschrieben, jedoch mit gröberer, mehr ausgeprägter Zeichnung. — k = 1,38.

Camaroptera brachyura tincta. Nach REICHENOW (1905, S. 618) ähnlich wie bei unseren Meisen (*Parus*), blaß rotbraun punktiert, bei NEHRKORN aber mit großen braunen und violetten Flecken oder wie die Nominatform, jedoch mit mehr rostbräunlicher Zeichnung. Von Bates in S-Kamerun gesammelte, gestrecktovale (k = 1,48) Eier beschrieb OGILVIE-GRANT (Ibis 1911, S. 620). Sie ähneln denen von *Cisticola juncidis cisticola* und variieren gleich diesen. Weiß oder schön blaßgrünlichblau ohne Zeichnung oder mit überall gleichmäßig verteilten kleinen Fleckchen oder feinen Punkten, die blaß rötlichbraun und lila gefärbt sind. Die meisten dieser Stücke weichen nach OG.-GRANT (1911) beträchtlich von einem ab, das JACKSON in W-Uganda gesammelt hat (OG.-GRANT, Trans. Zool. Soc. London 19, S. 364, Taf. 19, Fig. 10, 1910). Seine Tüpfel sind größer und gelblichbraun sowie blaßgrau.

Camaroptera brachyura brevicaudata. Nach SHUEL (Ibis 1938, S. 474) 2—3 glänzend weiße Eier, die überall sehr locker hell- und dunkler rostbraun punktiert sind und dazwischen lila Punkte tragen. — k = 1,37.

Camaroptera brachyura griseigula. — k = 1,45.

Camaroptera brachyura sharpei. Gestreckt oval (k = 1,49). Schwacher Seidenglanz. Die von HOESCH und NIETHAMMER gesammelten Eier (Journ. f. Orn. 88, Sonderheft, S. 271f., 1940) sind nicht wie die der Verwandten dicht und zart nach Meisenart (*Parus*) gezeichnet, sondern tragen auf weißem Grund weitläufig verstreute, relativ große, zum Teil zerflossene blaßrote Flecke mit einigen hellviolettgrauen dazwischen; manchmal ist die Zeichnung am oberen Ende zusammengedrängt. ROBERTS (Ann. Transvaal Mus. 12, S. 314, 1928) hat braunrote und graubraune Fleckung, vor allem am stumpfen Ende, auf weißem Grund angegeben. Auch liegen einfarbig blaß türkisblaue, glänzende Eier von dieser Form vor (ROBERTS 1940, 1957).

Camaroptera brachyura pileata. Das einzige bekannte, von Grote gesammelte Ei ist nach NEHRKORN mattbläulich bis bleigrau mit schwarzgrauen, ziemlich markierten, größeren und kleineren Flecken, die meist gleichmäßig verteilt sind. Die Abbildung (Journ. f. Orn. 61, S. 140, 1913 u. Taf.) zeigt aber ein *Acrocephalus*-artig grünliches Bild mit etwas rundlichen Tüpfeln und Punkten, die sich nicht berühren. (Auch die Größe ist verdächtig. Hrsg.) — Länglichoval (k = 1,48).

Camaroptera brachyura bororensis. Nach BELCHER einfarbig weiß oder blaßblau wie *Zosterops*, zuweilen wohl auch leicht braun gefleckt. — k = 1,39.

Camaroptera brachyura brachyura. Nach LAYARD reinweiß mit feinen roten Punkten auf der oberen Hälfte. Gestalt oval (k = 1,32). Bei NEHRKORN einmal (als *C. brachyura*) glänzend weiß mit ziemlich dichtem Kranz schwarzbrauner und hellerer kleiner Fleckchen und Pünktchen, zum zweiten (als *C. olivacea*) aber ganz blaß graublau bis graugrün gehaucht, besonders oben hell graubräunlich punktiert. Im Museum Wien wie bläulichweiße, staubförmig gepunktete *Cisticola*-Eier. James (1970) beschreibt nur ein weißes, zudem großes (16,9—17,9 ×12,2—12,8, D_4 = 16,9×12,6 mm) Gelege aus Bedford, Kapland, das nicht in die Liste aufgenommen wurde.

Camaroptera lopezi alexanderi. Von den beiden rein weißen Eiern eines Nestes war nach Eisentraut (1963, S. 234) eins gleichpolig und matt, das andere stumpf- und spitzpolig sowie schwach glänzend. Das größere Ei dürfte das eines bisher nicht bestimmten Brutparasiten sein (19,7×13,3 mm). — k = 1,38.

Camaroptera fasciolata fasciolata. Nach Priest (A guide to the birds of Southern Rhodesia ... London, 1929, S. 167) zeigen die Eier auf weißem, rahmfarbenem, grünlichem oder bläulichem Grund dichte winzige Punkte in verschiedenen Tönen von Braun, Purpur und Lila. Roberts (Ann. Transvaal Mus. 12, S. 312f., 1928) nennt sie weiß bis ganz blaß grünlichblau, überall mit winzigen dunkelbraunen Punkten versehen. — k = 1,36.

Camaroptera fasciolata irwini. Nach Benson auf weißem Grund überall reichlich purpurrot, blaß blaugrau und grau fein gefrickelt, im Domnest mit seitlichem Eingang, nach Priest (1929) grünlichblau mit einer reich-braunen Zone. — k = 1,42.

Camaroptera simplex simplex. Fast glanzlose Eier, auf blaßgrünlichem Grund mit kleinen und größeren violettaschgrauen und hell lehmbraunen Fleckchen und Klecksen ziemlich reich besetzt, die sich nach oben hin mehren. Andere Stücke sind weißlicher mit rostbraunen Punkten und Flecken über lilagrauen Unterflecken. Zuweilen als Zeichnung nur äußerst feine kastanienbraune Pünktchen. Anklänge an *Cisticola* und *Prinia.* So in der Sammlung v. Erlanger (Journ. f. Orn. 53, S. 723f., 1905), auf dessen Exemplare sich die Maße unserer Liste beziehen. — k = 1,34. Die Eier, die Moreau sammelte (Ibis 1939, S. 305), sind grauweiß mit feiner, am Ende gehäufter Fleckenzeichnung, die Maße größer (18,8—19,3×12,5 mm), was stark gestreckter Gestalt (k = 1,52) entspricht, wenn nicht ein Druckfehler vorliegt.

Euryptila subcinnamomea. Ein Vierergelege ist blaßbläulichweiß mit zahlreichen lila Punkten und Fleckchen, die überall verteilt, aber oben etwas gröber und dichter beieinander sind (Sharpe, Ibis 1904, S. 338, und Roberts 1957).

Eremomela icteropygialis flavicrissalis. Bei Nehrkorn sehr zarte mattbräunliche und bläuliche Fleckchen auf weißem Grund, die am stumpfen Ende gehäuft stehen. Ein Ei in der Sammlung v. Erlanger (1905) ist über die ganze Fläche bespritzt, ein anderes zeigt einen Kranz aus zahlreichen blaß sepiafarbenen Pünktchen neben wenigen verschwommenen Flecken, ähnlich den übrigen Arten mit nach oben hin dichteren, sonst nur spärlichen, äußerst feinen und etwas derberen schwarzbraunen Pünktchen. — k = 1,29.

Eremomela icteropygialis griseoflava. Nach Lynes (Ibis 1925, S. 99) weiß mit kleinen grauen Unter- und dunkel kastanienbraunen Oberflecken, besonders am stumpfen Pol — ähnlich Eiern von *Phylloscopus collybita*. Ohne Glanz. — k = 1,32.

Eremomela icteropygialis abdominalis, polioxantha und *viriditincta*. Wie bei der folgenden Form. — k = 1,38 bzw. 1,39 bzw. 1,47.

Eremomela icteropygialis saturatior. Nach JAMES (Ool. Rec. 12, S. 86—88, 1932) weiß mit grünlichbraunen Flecken und kleinen Blattern, besonders in einer Zone am stumpfen Ende. Die 17 Eier, die JAMES neuerdings behandelt (1970), messen mehr als die damaligen und sind nur hier, nicht in der Liste angeführt: 14,8—17,5 $\times$10,9—12,2, D_{17} = 15,8$\times$11,5 (gegen damals 15,0$\times$11,0). — k = 1,36.

Eremomela pusilla pusilla. Nach JOURDAN & SHUEL (Ibis 1935, S. 648) und SHUEL (Ibis 1938, S. 473) hellblau mit einer schweren Zone bräunlicher Flecke rund um das breitere Ende, dazwischen einige lilagraue Flecke, die nach SERLE (Ibis 1940, S. 14) eine Kappe am stumpfen Pol bilden können. — k = 1,37.

Eremomela scotops scotops. Grünlichblaue Eier mit lila und rotbrauner Flekkung, vor allem am stumpfen Ende (Roberts 1957). — k = 1,30.

Eremomela atricollis. Nach PRAED & GRANT (1963, S. 258) weiß, gleichmäßig mit rötlichbraunen Ober- und grauen Unterflecken besetzt. — k = 1,41.

Eremomela usticollis usticollis. Nach KRIENKE (in ROBERTS 1957) ist das Ei wie das von *E. scotops*, aber statt grünlichblauer hat es weiße Grundfärbung. STJERNBERG (briefl. 1972) bezeichnet es als blaß bläulichweiß mit grünlichem Anflug, Deutliche kleine lila Flecke häufen sich am stumpfen Ende. — k = 1,33. (Taf. 8, Fig. 20.)

Eremomela gregalis gregalis und *albigularis*. ROBERTS (1957, S. 334) beschreibt die Eier als blaßblau, am stumpfen Ende mit kleinen Flecken von der Farbe getrockneten Blutes bedeckt. JAMES (1970) sah bei *albigularis* auf ebenfalls blaßblauem Grund dunkel rötlichbraune und blaß lila Fleckchen, vor allem am breiten Pol. — k = 1,42.

Sylvietta leucophrys leucophrys. Nach GRANVIK (Rev. Zool. Bot. Afr. 25, S. 99, 1934) glänzend weiß, fein rötlichbraun gefleckt, bei einem Ei mit einer Kappe am stumpfen Ende. — k = 1,27.

Sylvietta virens virens. BATES beschreibt auf weißem Grund verstreut und fein dunkel gefleckte Eier.

Sylvietta virens barakae. Nach CHAPIN (1953, S. 258) bläulich weiß oder sehr blaß blau, ziemlich schwach braunrot gefleckt. — k ~ 1,41.

Sylvietta denti denti. Von BATES (Ibis 1909, S. 72) sicher identifizierte Gelege von einander gleichem Aussehen, aber stark verschiedener Größe, aus zwei Nestern, weichen derart ab, daß sie kein Oologe für zu *Sylvietta* gehörig ansprechen wird. OGILVIE-GRANT beschreibt sie (ebenda) als länglich-spitzoval (k = 1,54) mit gelblich lehmfarbenem Grund, dicht verwischt gewölkt und unbestimmt überall umberbraun und grau gezeichnet. Dem entspricht die auffallende Abbildung (Ibis 1911, Taf. 12, Fig. 17) des kleineren der beiden Eier mit walziger Gestalt, das aussieht, wie wenn man sich auf einem mitteldunklen *Sylvia borin*-Ei die dichten groben Flecke schräg gegen die Längsachse langgewischt denkt, mit da und dort aufgesetzten tief schwarzbraunen, ebenfalls schräg gestellten Spritzern. BATES (1930, S. 373) selbst sagt nur kurz, daß anscheinend ein einziges Ei das Gelege bildet und dieses schwer braun gewölkt ist. Ein Fall, der der Aufklärung bedarf.

Sylvietta ruficapilla chubbi. Nach WHITE (Ibis 1946, S. 510) weiß mit dunkelgrauen und dunkelbraunen Flecken in einer Zone um den stumpfen Pol oder auch in einer Kappe, letzteres nach PRAED & GRANT (1963, S. 251). – k = 1,63 läßt als Achsenverhältnis auf einen Fehler bei der Messung schließen.

Sylvietta brachyura brachyura. Nach BATES weiß mit verstreuten dunklen Fleckchen. – k = 1,55.

Sylvietta brachyura leucopsis. Ganz ähnlich *S. isabellina*, nach v. ERLANGER (1905, S. 733) dunkelolivbraun bis schwärzlicholivgrau auf weißem Grund gefleckt. Die Fleckung ist wie bei allen *Sylvietta*-Eiern ziemlich fein. – k = 1,43.

Sylvietta rufescens ochrocara. Über die ganze Oberfläche lose oder dichter verstreute, zarte, auf anderen Stücken gröbere, hell- oder dunkelolivbraune bis steingraue Oberflecke mit besonders im Polbereich zu einem mehr oder weniger ausgeprägten Kranz vereinten aschgrauen oder bleigrauen Unterflecken. Stark abstechend ein zweiter Typ, der im ganzen wie der erste aussieht, aber rostig, rotbraun oder mehr rot gefleckt ist, daher viel heller als jener erscheint (HOESCH & NIETHAMMER, Journ. f. Orn. 88, Sonderh., S. 268, 1940). Der zweite Typ zum Teil ähnlich Meisen-Eiern (*Parus*), der erste dunkel und grob gefleckten Schwalben-Eiern (*Hirundo rustica*), aber gestreckter oval. Grund weiß. – k = 1,46.

Sylvietta rufescens flecki. Rötlich- und grünlichbraun auf weißem Grund gefleckt und geflatscht, meist mehr am stumpfen Ende. – k = 1,47. (Taf. 8, Fig. 21.)

Sylvietta rufescens rufescens. Alle 6 Eier vom Oranje Freistaat mit dunkler Zone am stumpfen Ende. – k = 1,47.

Sylvietta rufescens diverga. Nach JAMES (1970). Der bei *r. ochrocara* erwähnte zweite Typ ist wohl noch nicht nachgewiesen. – k = 1,46.

Sylvietta whytii jacksoni. Nach JACKSON (vgl. CHAPIN 1953, S. 265) weiß, kräftig ziegelrot, besonders am stumpfen Ende, gefleckt. – k = 1,42.

Sylvietta whytii whytii und *nemorivaga.* Gestreckt oval (k = 1,43). Grund wie bei allen weiß. Feine rotbraune und ockerfarbene Frickel bei den einen, dichte rötliche Spritzer neben unauffälligen grauen Unterflecken bei den anderen Stücken, die nach SKINNER (1924) wie eine Großausgabe von *Dicaeum agile*-Eiern erscheinen. Manche Exemplare haben fast nur einen Fleckenring und können Eiern der ehemaligen *Suya*-Gruppe innerhalb der Gattung *Prinia* ähnlich werden.

Sylvietta isabellina. Wie alle Eier der Gattung spitzlänglichoval (k = 1,49). Auf nur wenig glänzendem, reinweißem Grund bis in die Spitze mäßig dicht mit in der Größe nur wenig verschiedenen, kleinen, olivbraunen, ziemlich dunklen Fleckchen und einigen grauen dazwischen gezeichnet (v. ERLANGER, Journ. f. Orn. 53, S. 732, 1905). Von der Färbung abgesehen, erinnern sie an *Hirundo rustica* oder *Parus major.* Die manchmal mehr schwärzlich graubraunen oder tief sepiafarbenen Tüpfel stehen meist nach oben hin dichter und fließen da zuweilen zusammen. Vom gleichen Zeichnungscharakter sind die Eier der übrigen *Sylvietta*-Arten, doch kommt wenigstens bei einigen ein zweiter Typ mit roten Flecken hinzu. Innenfarbe weiß.

Hyliota flavigaster barbozae. Nachdem TRAYLOR (Ibis 112, S. 395f., 1970) *Hyliota* von den Monarchinae zu den Sylviinae verlegt hat, ist auch die Oologie zur Stellungnahme aufgefordert. Sie muß wohl Unterbringung der Eier in beiden Gruppen für möglich halten. Die fünf m. W. bisher von *barbozae* bekannten Stücke sind mattweiß mit leichten braunen und lila Flecken, die bandförmig in einer Zone um die Eimitte gehäuft sind (PAGET-WILKES, Ibis 1931, S. 478). Form oval (k = 1,33).

Hyliota australis inornata. Nach NEUBY-VARTY (Ostrich 16, S. 79, 1945, vgl. ROBERTS 1957, S. 358) nelkenrötlichweiße Eier mit sehr kleinen Flecken rotbrauner und dunkelgrauer Färbung, die überall, aber am dicken Ende dichter stehen. — k = 1,32.

Parisoma subcaeruleum cinerascens. Gestalt und Glanz wie bei der nächsten Rasse. Sieben von Hoesch gesammelte Gelege (HOESCH & NIETHAMMER, Journ. f. Orn. 88, Sonderh., S. 281, 1940) enthalten vorwiegend Eier mit hellbraunen Ober- und graublauen Unterflecken nur am oberen Ende. Einige haben mehr verstreute kleine Punkte in denselben Farben neben einzelnen schwarzbraunen Punkten und Kritzeln am Pol. Stücke mit nur wenigen hellen, kleinen Flecken kommen im selben Gelege neben gröber und dunkler gezeichneten vor. Charakteristisch ist die Beschränkung auf das obere Drittel der Fläche, wie bei der Nominatform. — k = 1,29.

Parisoma subcaeruleum subcaeruleum und *orpheanum.* Stumpfbreitoval (k = 1,32). Leicht glänzend. Auf weißem Grund fast nur am stumpfen Ende zum Teil scharf markierte umberbraune, aschbraune und verloschen lilagraue Spritzer und kleine Flecke in meist geringer Zahl, dunklere über helleren liegend, vorwiegend in einer lockeren Krone. Manchmal sind es wenige ganz blasse, verloschene braungelbe und deutlichere gelbgraue, auch mit etwas grünlichem Ton. Die Eier erinnern an spärlich und hell gezeichnete von *Sylvia nisoria* oder abgewaschene *Sylvia curruca*-Eier. Innenfarbe weiß. [Nicht nur die Eier ähneln denen von *Sylvia,* auch die Vögel, und zwar alle vier Arten, sind *S. curruca* schlagend (und doch oberflächlich?) ähnlich. Auch das leichte Nest ist dem von *Sylvia* ähnlich. Auf diese enge Beziehung wies auch WHITE (1963, S. 695) hin. Nach ROBERTS und PRAED & GRANT sind die Jungen nicht gefleckt. Hrsg.] (Taf. 8, Fig. 22.)

Parisoma layardi aridicola, subsolana und *layardi.* Ähnlich wie *P. subcaeruleum* aber weniger glänzend, ohne grünlichen Hauch in den (nach ROBERTS, 1957, dichter stehenden) hellolivbraunen Oberflecken, die mit einigen schiefergrauen gemischt sind (*aridicola, subsolana*). Von Niethammer gesammelte Stücke (*aridicola*) haben nach HOESCH & NIETHAMMER (1940) auf mattweißem Grund oben kleine und größere, etwas verwischte hell olivbraune Fleckchen, von denen einzelne dunkler sind. Es gibt ähnliche Eier bei *Sylvia curruca*, soweit solche nicht scharf begrenzte Tüpfel tragen. — k = 1,34.

Parisoma boehmi boehmi. Auf weißlichem Grund gelblichbraun, graubraun und blaßgrau gefleckt (PRAED & GRANT 1955). — k ~ 1,36.

Parisoma lugens jacksoni. Die beiden von BELCHER (Ibis 1942, S. 92) gesammelten Gelege lagen in kleinen, aus Würzelchen erbauten Napfnestern. Sie waren kurzoval (k = 1,21) und wenig glänzend. Auf rahmfarbenem Grund trugen sie eine reichliche, leberbraune und graue Fleckung.

Hylia prasina. Diese Art und *Pholidornis rushiae* weist BATES (1930, S. 462) einer eigenen Familie Hyliidae zu, im Anschluß an die Nectariniidae, nachdem sie früher von anderen Autoren bald zu den Sylviidae, bald zu den Paridae und selbst zu den Ploceidae gestellt worden waren. Das Ei ist reinweiß; bei den Nectariniidae gibt es keine ungefleckt weißen Eier. Die von BATES angegebenen Eimaße sind sehr groß, wenigstens hinsichtlich der Breitenachse; denn diese kommt der bei den größten Nectariniiden-Arten nahe, wogegen SERLE (Ibis 1954, S. 77) ein schlankes Ei (19,7×13,6 mm) fand. Es war oval, glatt und glanzlos, Im Verhältnis zum Weibchengewicht wiegt das Ei 16,5%. — k = 1,35. Das große, nicht hängende Nest ist kugelig oder oval und sehr lose gebaut. Es hat nach SERLE (Ibis 1950, S. 630) die 20 mm weite Öffnung oben seitlich und enthält Gelege von 1—2 Eiern.

Regulus. Die meisten Eier der *Regulus*-Arten besitzen eine die Oberfläche ganz oder nur teilweise bedeckende, verschwommene, mehr gewölkte als gefleckte Zeichnung, die einen (der meisten *regulus*-Formen und der amerikanischen Arten) in fahl gelblich graubraunen, die anderen (von *R. i. ignicapillus*, siehe aber *teneriffae*) in rostroten Tönen. Hierbei entspricht der blasse Ton der Grundfärbung immer der Zeichnungsfärbung. Dagegen haben weißen Grund und deutliche lockere, nicht verwischte Fleckung *Regulus regulus azoricus* und *inermis*, *R. ignicapillus madeirensis* sowie *Leptopoecile* und *Lophobasileus*, die ersten in zarter, die letzten in sehr grober Fleckung. Bei manchen Formen von *Regulus* kommen Übergänge in Färbung und Zeichnungsart vor. Sowohl bei *R. regulus* als auch bei *R. ignicapillus* und *R. satrapa olivaceus* trifft man gelegentlich kurze Pigmentstrichel in dunkleren als den sonstigen Farben vorwiegend am stumpfen Ende, die offenbar nachträglich noch aufgelagert und nicht mehr zur Verwischung gekommen sind. Gestalt meist breitoval, nur zuweilen länglicher. Der Glanz der Oberfläche ist immer unbedeutend, oft fehlt er ganz. Nur bei den rötlichen *R. ignicapillus*-Eiern scheint die Schale blaßrosa durch, bei allen andern weiß bis hellgelb. Korn und Poren sind entsprechend den kleinen Eimaßen fein und zart, bieten aber nichts Besonderes.

Die oologische Beurteilung der Unterfamilie Regulinae folgt der Besprechung von *Lophobasileus* (S. 637).

Regulus regulus anglorum. Wie *regulus.* Bräunliche Wölkung kommt vor. Oft dunklerer und fahlerer Gesamteindruck gegenüber den anderen *R. regulus*-Formen. — k = 1,30.

Regulus regulus regulus. Grundfärbung ganz blaß trübgelblichgrau, rahmfarben oder grauweiß. Unbestimmte dichte lehmfarbene Fleckchen stehen vorwiegend auf der dickeren Eihälfte fast ungetrennt dicht oder stellen überhaupt nur einen braungrauen Schatten in Kranz- oder Kappenform dar, dazwischen manchmal graue Unterfleckchen. Rötliche Tönung, wie sie Rey (1905) erwähnt, sah ich nie, wohl aber bräunliche Wölkung. — k = 1,31.

Regulus regulus japonensis. Die im Gesamteindruck fahlen, blaß graubraunen Stücke scheinen vorzuherrschen. — k = 1,31.

Regulus regulus himalayensis. Bräunliche Wölkung kommt vor. Baker (1933, S. 493) erwähnt einen abweichenden zweiten, von Whitehead und Whymper festgestellten und stellenweise anscheinend vorherrschenden Typ, der durch rein weißen Grund mit scharf ausgeprägten größeren rotbraunen Flecken an *Phylloscopus* erinnert. Baker (1924, S. 539) vergleicht ihn zunächst mit *Ph.* „*trochiloides*" (jetzt *reguloides*), wohl versehentlich; denn dessen Eier sind ungefleckt weiß, nur ganz ausnahmsweise einmal mit einigen unauffälligen schwarzen Pünktchen gezeichnet, auch nach Baker. 1933 (S. 493) führt Baker richtig die Ähnlichkeit mit kleinen Meiseneiern (*Parus*) an und beschreibt auch ein zwischen beiden Typen vermittelndes Ovidukt-Ei. — k = 1,31.

Regulus regulus azoricus. Das einzige in meine Hände gelangte Ei ist weiß mit deutlicher, aber lockerer, sehr feiner Punktierung in Rostbraun und, kaum sichtbar, Blaßlila. — k = 1,29.

Regulus regulus inermis. Diese und die vorige Form sind großschnäbliger als *r. regulus.* Sie legen anscheinend auch größere Eier, besonders *inermis,* worauf Bannerman (1966, S. 149) hinweist, dem brieflich von U. Scheel 2 ungefleckt weiße, sehr kleine Zwergeier (die in unserer Liste nicht berücksichtigt sind) gemeldet wurden (12,0×10,0; 13,0×11,0 mm). Bei ihrer Einrechnung ergäbe sich ein Durchschnitt von 15,0×11,4 mm, auch noch mehr als bei allen anderen *Regulus*-Formen. — k = 1,43, also länglichoval.

Regulus regulus tristis. Diese stark abweichende turkestanische Rasse unterscheidet sich oologisch durchaus nicht von der Nominatform. Auch bei ihr sah ich bräunliche Wölkung. — k = 1,24. Das relative Eigewicht (RG) der leichtesten europäischen Vogelart ist 13,5%, das relative Gelegegewicht bei 8 Eiern 108%!

Regulus satrapa olivaceus. Mein einziges Stück ist blaß gelbbräunlich mit einem nur wenig dunkleren Schattenring derselben Farbe. Nach Bailey (Birds of New Mexico, Santa Fé, N. M., 1928) rahmfarben oder rötlichweiß, am dicken Ende gewölkt mit feinen rötlichbraunen Punkten. Nach Bent (1949) von *s. satrapa* nicht unterscheidbar, also wohl ohne rötlichen Ton. — k = 1,30.

Regulus satrapa satrapa. Meine Exemplare tragen auf lehmfarben gehauchtem Grund einen hellumberbraunen Kranz am stumpfen Ende. Nach Brewster (bei BENT 1949) hell bis dunkel rahmfarben mit vielen blaß holzbraunen, zuweilen auch einigen lilagrauen Fleckchen, oft in Kranzform. — k = 1,26.

Regulus ignicapillus ignicapillus und *balearicus*. Im Zeichnungscharakter ähnlich *R. r. regulus*, aber immer von lebhaftem fuchsig- bis rostroten, nicht fahlem Gesamteindruck, manchmal fast einfarbig hellbräunlichrot oder mit einzelnen lilagrauen Unterflecken. Nur auf besonders hellem Grund tritt Kranzbildung so deutlich wie oft bei *regulus* hervor. — k = 1,31.

Regulus ignicapillus madeirensis. Dagegen hat die Madeira-Rasse immer weißen, höchstens leicht gelblich oder rötlich getönten Grund und ziemlich gleichmäßig verteilte deutliche Punktflecke in gelbrötlicher oder rotbrauner Farbe, ist also meist leicht zu unterscheiden. Stücke des Britischen Museums zeigen lilarote und graue Punkte, Spritzer und kleine Blattern, worauf auch D. A. & W. M. BANNERMAN (1965, S. 84) hinweisen. — k = 1,31.

Regulus ignicapillus teneriffae. Die Eier sind nach HARTERT wie die von *r. regulus*, also nicht rötlich wie bei *i. ignicapillus*, und sprechen damit für die früher übliche Zuordnung dieser Rasse zur Art *R. regulus*, für die auch einige der Vogelmerkmale angeführt werden können. Gegenüber *r. regulus* scheinen die fahlen, blaß graubraunen Eier vorzuherrschen. Eine Anzahl der 31 von MEADE-WALDO für das Britische Museum gesammelten Eier war doppeldottrig (BANNERMAN 1963, S. 240).

Regulus calendula calendula. Die Eier im Britischen Museum sind vom fahlen Typ, sehen aus wie verfärbt, was jedoch nur scheinbar der Fall ist, da es auch bei *regulus* ähnliche gibt. Bei NEHRKORN wie *R. ignicapillus*. Aber nach BENT (1949) praktisch nicht von *R. satrapa* zu unterscheiden, also *regulus* näher stehend. Auf weißlichem bis fahlgelbbräunlich gehauchtem Grund viele feine Punkte und zarte Fleckchen gleicher, nur etwas dunklerer Färbung, meist als verschwommener Kranz oder bloßer Schatten am stumpfen Ende. Dort befinden sich gelegentlich einzelne dunkle Haarstrichel oder lilagraue Unterflecke. Bei der Nominatform gibt es zum Teil auch eine mehr rötlichbraune Zeichnung. — k = 1,26.

Regulus calendula cineraceus. Nach BENT (1949) wie bei der vorigen Rasse. — k = 1,30. (Taf. 8, Fig. 23.)

Regulus calendula obscurus. Beschreibung durch BRYANT (bei BENT 1949): Weiß mit einem dichten Kranz von blaßgelblichbraunen Flecken rings um das stumpfe Ende, die sich in einzelnen Fällen als spärliche, undeutliche Punkte über einer blaß lavendelfarbenen Verwaschung auf der ganzen Oberfläche verteilen können. — k = 1,32.

Leptopoecile sophiae sophiae. Viele von BEICK (SCHÖNWETTER in STRESEMANN, MEISE & SCHÖNWETTER, Journ. f. Orn. 85, S. 523, 1937) in Kansu gesammelten Eier und auch solche von Turkestan erinnern infolge ihrer reinweißen Grundfärbung mit meist spärlichen und sehr kleinen purpurschwarzen oder schwarzbraunen Punktflecken an sehr kleine, locker und zart, aber dunkel gezeichnete von *Phylloscopus collybita*, mehr noch an feinst punktierte Eier von *Parus palustris.* Bei einer geringeren Anzahl zeigte sich die Fleckenfärbung mehr nußbraun oder dunkel rostrot, bei fast allen zwischendurch eine unauffällige hell- bis dunkelgraue, gelegentlich auch graurote Unterfleckung. Leichte Verdichtung am breiteren Teil herrscht vor; doch kommt es selten zu einem ausgesprochenen Kranz. Geringer Glanz, feines Korn, zarte Poren und weiß durchscheinende Farbe ganz wie bei *Phylloscopus collybita.* Jedoch im Gesamteindruck keine Spur von Ähnlichkeit mit den gewöhnlichen Typen von *Regulus.* — k = 1,35. (Taf. 8, Fig. 24.)

Leptopoecile sophiae obscura. Im ganzen wie die vorigen Eier. Bakers von Ludlow bei Gyantse in Tibet gesammelte Stücke sind tiefrot punktiert, die von Schäfer aus dem gleichen Gebiet mitgebrachten meiner Sammlung aber rötlichgrau, wie jene vorwiegend am oberen Drittel gezeichnet. Diese beiden Fleckenfarben kommen auch bei *Parus* und *Certhia* nebeneinander vor. Immer ist die Zeichnung sehr zart und wenig dicht. So rötlichgrau gefleckt sind auch die Eier von *Regulus ignicapillus madeirensis* im Britischen Museum. — k = 1,32.

Lophobasileus elegans. Wenngleich nicht ganz sicher, so doch sehr wahrscheinlich gehören zu dieser Art drei auffallend gezeichnete Eier, die Beick (siehe Journ. f. Orn. 85, S. 524, 1937) bei Lau-hu-kou (Kansu, jetzt NO-Tsinghai) mit dem Nest aus grobem Filz von feinsten, wolligen Haaren sammelte, das in einem Fichtenstubben stand. Für so kleine Eier sehr große dunkelrotbraune und einige heller purpurbraune, rundliche Flecke (Blattern) bilden auf dem leicht glänzenden, reinweißen Grund eng zusammenstehend eine geschlossene, breite Krone am dicken Ende der stark zugespitzten ovalen (k = 1,31) Eier. Die übrige Oberfläche bleibt fleckenfrei. Auch bei *Parus cristatus* und *Certhia brachydactyla* kommt gelegentlich solch dunkle Grobfleckung in Kranzform vor; bei diesen *Lophobasileus*-Eiern kontrastiert sie aber stärker, da die einzelnen Blattern rundlicher sind.

Nach den gegebenen Umständen kamen andere Arten im Fundgebiet als Nesteigner nicht oder kaum in Frage; *Lophobasileus* war dort sehr häufig. Nest und Gelege befinden sich jetzt mit der gesamten Ausbeute Beicks im Zoologischen Museum zu Berlin.

Im ganzen betrachtet, zeigt sich auch oologisch eine Beziehung der Regulinae zu den Sylviinae bzw. deren *Phylloscopus*-Gruppe, mehr als zu den Paridae. Denn wenngleich viele *Regulus*-Eier durch ihre verschwommene Zeichnung abweichen, wird die Verbindung doch durch die schärfer markierte Zeichnung bei dem einen Typ von *Regulus regulus himalayensis* sowie durch *R. ignicapillus madeirensis* und *Leptopoecila* hergestellt. — Eine der eigenartigen Färbung und Zeichnung bei *R. ignicapillus* ähnliche findet man bei dem kleinen Tyrannen *Todirostrum poliocephalum.*

Todopsis und folgende Gattungen. Von diesen jetzt meist in der Unterfamilie Malurinae vereinten Gattungen waren vordem 5 bei den Muscicapidae, 9 bei den Timaliidae, 2 bei den Turdidae, 11 bei den Sylviidae und 3 bei den Paridae des Nehrkorn-Kataloges, der Sharpe (1899—1912) folgte, untergebracht. Oologisch zeigt diese Sondergruppe außer Anklängen an Eifärbungstypen der genannten fünf Familien noch soviel andere, daß statt einer Zusammenfassung auf die

Übersicht zu Beginn dieser Familie (S. 564 ff.) und auf die Einzelbeschreibungen verwiesen werden muß, die hier folgen.

Todopsis wallacii. Gewöhnliche Eigestalt (k = 1,36) oder schmäler, fast glanzlos. Der weiße bis rahmfarbene Grund trägt über die ganze Fläche fast gleichmäßig verteilte, nach oben hin etwas größer werdende und dichter stehende, hell kastanienbraune oder mehr rostbraune, matte kleine Flecke, dazwischen manchmal graubraune und violette bis lilarote. Diese aber sind ganz unauffällig (Nehrkorn-Sammlung). Anklang an dicht rostbraun verwischt gefleckte *Muscicapa striata.*

Todopsis cyanocephala bonapartii. Ganz wie die vorigen Eier, nur kleiner. — k = 1,41 (Britisches Museum).

Malurus cyaneus. Gewöhnliche Eigestalt, aber auch breiter oder länglicher (k = 1,37). Grundfarbe reinweiß oder blaß rahmfarben gehaucht, so auch durchscheinend. Im frischen Zustand, vor dem Ausblasen, rötlichweiß bis fleischfarbig getönt, wovon zuweilen auch später ein Schimmer übrig bleibt. Die meist sehr feine, teils lebhafte, teils verloschene Fleckung und Punktierung in rostbrauner, manchmal mehr rötlicher oder purpurbrauner Färbung steht im wesentlichen am stumpfen Ende mehr oder weniger kranzförmig dicht, im übrigen nur lose verteilt oder als einzelne verstreute Punkte. Dichter über die ganze Oberfläche gefleckte Stücke sind seltener, häufig aber, wie gesagt, solche mit Kranz oder gar Kappe am breiten Pol. Von grauen Unterflecken ist fast nie etwas zu sehen. Schalenglanz nur sehr gering oder ganz fehlend. Ähnliche kleine Eier bei *Parus* und *Certhia.*

Malurus — übrige Arten. Ebenso variieren die Eier der anderen *Malurus*-Arten. Der Charakter ist bei allen derselbe, wenngleich das Aussehen im einzelnen wegen der jeweiligen Nuance der rotbraunen Fleckchen, deren Größe, Verteilungsart und Dichte verschieden sein kann. Vielleicht kommen bei *M. amabilis* und *M. lamberti* besonders zart, spärlich und verloschen punktierte Stücke häufiger vor, bei *M. melanocephalus cruentatus* reichlicher überall gefrickelte Stücke. Typisch ist die vorherrschende Verdichtung der Zeichnung am stumpfen Ende. Ihre Farbintensität schwankt zwischen verloschen rostrot und leuchtend kastanienbraun, die Fleckengröße zwischen winzigen Punkten und kleinen Spritzern, die aber zuweilen zu größeren flatschig zusammenfließen. Bei *M. melanotus* im Malleebusch gibt es oft kühnere Blattern, bei *M. callainus*, seinem geographischen Vertreter im Spinifex-Grasland, wenige zarte Punkte, bei *M. elegans* mehr Frickel, obwohl alle in überdachte Nester legen. Wegen der gleichen Variation ist die Zeichnung als alleiniges Kriterium zur Unterscheidung in dieser Gattung kaum geeignet. — k = 1,27 (bei *M. coronatus*), 1,31—1,40. (Taf. 9, Fig. 1 und 2.)

Stipiturus ruficeps. Nach H. L. WHITE (Emu 17, S. 39, 1917) mit leicht rosabraun gehauchtem weißen Grund, besonders nach oben hin gut mit rötlichbraunen und weniger mit hell umberbraunen Flecken und Spritzern gezeichnet. Ein Ei eines Geleges mit einer dichter gedrängten Fleckenzone als das andere. — k = 1,28.

Stipiturus malachurus mallee. Wie die folgende Unterart.

Stipiturus malachurus malachurus. Meist wie über die ganze Oberfläche sehr fein und ziemlich dicht gefleckte oder punktierte Meiseneier (*Parus*), auch ähnlich denen von *Malurus cyaneus*. Grundfärbung weiß, mit rosa Hauch, wenn in frischem Zustand. Fleckenfarbe mehr leuchtend rot als meist bei *Malurus*, kastanienbraunrot oder rosarot. Am stumpfen Ende etwas dichter, manchmal zusammenlaufend gezeichnet. — k = 1,29.

Amytórnis textilis textilis (= *Amytis*). An manche Meliphagiden-Eier und an *Cinclorhamphus* anklingend. Glänzend weiß bis rötlich getönt mit ziemlich groben Flecken, die oben dicht, nach unten abnehmend auf der Oberfläche stehen. Sie sind leuchtend rötlichbraun, rosarot und purpurn, gewöhnlich dunkler als bei *A. striatus*. Bei anderen Stücken fließen rote und lilagraue Punkte und zarte, unregelmäßig geformte Kritzel und Flecke mit einigen Blattern am oberen Ende zu einer lockeren Zone zusammen. Gelegentlich rötlich lachsfarbener Grund mit der beschriebenen, aber dunkleren Zeichnung, die auch als breites wolkiges Band mit Purpurton auftritt und dann mehr an *Xanthomyza phrygia* erinnert. So nach NORTH und CAMPBELL. Gestalt stumpf breitoval (k = 1,30).

Amytornis textilis modestus. Nach NORTH und CAYLEY trübrahmweiß, überall, aber besonders am breiten Ende, gut gezeichnet mit rötlichen, rostfarbenen und braunen, kleinen und größeren Flecken. — k = 1,20.

Amytornis striatus striatus. Die für den Vogel großen, glänzenden Eier haben auf weißlichem Grund hell umberbraune oder rötlichbraune und blaß purpurne Frickel, besonders als Kranz im oberen Viertel, sonst gleichmäßige feine Punkte überall. — k = 1,36.

Amytornis striatus barbatus. Nach FARALONE & MCEVEY (Mem. Nat. Mus Victoria 28, S. 5—6, 1968) stumpfoval (k = 1,29). Grund weiß bis rötlichweiß sehr verschieden, auch innerhalb des Zweiergeleges, gezeichnet, gesprenkelt oder geblattert, mit muskatnuß- bis rötlichbraunen Flecken, die manchmal in einer Zone um das stumpfe Ende oder in einer Kappe, einmal sogar zu einer geschlossenen dunkelbraunen Kappe zusammenfließen (vgl. CHRISTIE, Ool. Rec. 42, S. 55, 1968). Im Felde wurden auch ganz helle Eier mit graulila Fleckchen gesehen. Beträchtliche Formunterschiede in zwei Gelegen sind erwähnenswert: In einem Gelege maßen die Forscher 20,4×14,1 und 17,9×14,6 mm, also k = 1,46 und k = 1,22, bei einem 2. Gelege ergeben sich k = 1,34 und k = 1,17, beim dritten: 1,33 und 1,29. Das Frischvollgewicht 2,4 g, das sich aus den 4 Wägungen (2,17—2,73 g) ergibt, übertrifft das Gewicht unserer Liste (2,33 g) nur wenig.

Amytornis striatus oweni. Nach H. L. WHITE (Emu 15, S. 36, 1915) weiß, ganz wenig rötlichgelbbraun gehaucht, fein, in der Färbung nur mit der Lupe erkennbar, rötlichbraun, umber und darunter aschgrau, besonders in einer Zone am breiten Ende, gefleckt und bespritzt. — k = 1,36.

Amytornis striatus whitei. Weiß mit kleinen, unregelmäßig geformten bräunlichroten Spritzern und Punkten, hauptsächlich oben (nach H. L. WHITE, Emu 14, S. 154, 1915), auch mit überall verteilten blaßroten, umberbraunen und grauen Fleckchen (nach SERVENTY & WHITTELL 1967). — k = 1,34.

Amytornis goyderi. Als diese für ausgestorben gehaltene Art 1961 von MORGAN, ROBINSON & ASHTON (Australian Bird-Watcher 1, S. 161–171, 1961) wiederentdeckt wurde, konnten die Autoren auf ehemals gesammelte Eier hinweisen, die trotz der Notiz von H. L. WHITE (Emu 15, S. 63, 1915) nie beschrieben worden sind.

Amytornis dorotheae. Nach WHITE (Emu 14, S. 58, 1914) weiß mit nelkenrötlichem Hauch, überall bräunlichrot gefleckt, bei CAYLEY etwas anders als weiß mit blassem Schatten nelkenrötlicher, im Polbereich dichter stehender Fleckchen beschrieben. — k = 1,30.

Dasyornis brachypterus longirostris (= *Sphenura*). Diese Riesen unter den Sylviiden-Eiern wollen gar nicht in den systematischen Rahmen passen. Das Exemplar des Britischen Museums erscheint im Gesamteindruck fahl hellgraubraun, fast kontrastlos auf weißem Grund mit aschbraunen und dunkel lavendelgrauen Flecken gezeichnet. Nach der Abbildung liegen auf blaß bräunlichgrauem Grund nahezu überall, lose verstreut, verwischte hellgraue Blattern unregelmäßiger Gestalt in größeren Abständen, da und dort überdeckt von wenigen kleinen, schärfer markierten dunkelolivbraunen Punkten und Fleckchen. Eigestalt sehr bauchig oval mit nur geringer Verjüngung des unteren Endes (k = 1,24). In Färbung und Zeichnung erinnert das Ei an *Platypsaris rufus* und *aglaiae,* also an Cotingideneier. Nach NORTH: Gestalt wie beim vorigen Ei, k = 1,25. Trübweißer Grund, sehr fein überall mit holzbraunen und purpurbraunen Tüpfeln gepunktet, gefleckt und gefrickelt, besonders nach dem breiteren Ende hin, wo sie mit dunkel lilagrauen, wolkigen groben Unterflecken vermischt zu einer unregelmäßigen Zone zusammenfließen. Das zugehörige Lichtbild gibt eine anschaulichere Vorstellung, recht abweichend von der gemäß dem CAT. BRIT. MUS. Man sieht die ganze Oberfläche dicht mit ziemlich gleichmäßig verteilten, kleinen und etwas größeren, fast rundlichen dunklen Fleckchen bedeckt, die im Polbereich sich verdichten und teilweise zusammenfließen und alle viel schärfer markiert sind als bei dem Londoner Bild. Also zwei recht verschiedene Zeichnungstypen.

Dasyornis brachypterus brachypterus. Nach CAMPBELL gedrungen oval; nach NORTH sehr dünne Schale. Fast weißer, glänzender Grund, überall dichte schwarz- und rötlichbraune, kleine und größere Flecke, hier und da einzelne lilagraue Punkte. Manchmal mit einem bräunlichen oder mehr purpurnen Flatsch am stumpfen Pol. Andere Stücke haben auf bräunlichweißem Grund winzige holzbraune oder schiefer- bis purpurbraune Spritzer und Punkte, besonders in einer Zone am stumpfen Ende. Abbildung bei NORTH ganz wie bei der vorigen Rasse, nur größer. Gestalt fast genau elliptisch. — k = 1,37.

Dasyornis broadbenti broadbenti. Reichlich mit mehr oder weniger feinen purpurbraunen Frickeln, Tüpfeln und Punkten überall gleichmäßig, oben dichter, gezeichnete Eier, also wie bei den Formen der anderen Art. Bauchige Gestalt, sehr dünne Schale. Grundfärbung matt purpurweiß, oben schiefergrau getönt oder mit dunkler Kappe. So nach CAMPBELL. — k = 1,32.

Calamanthus fuliginosus montanellus und *fuliginosus.* Oft kurzoval (k = 1,34), aber zugespitzt. Mäßig glänzend. Auf weinrötlichbraunem Grund mit dunkleren wolkigen Flecken der gleichen Farbe, die am breiteren Ende dichter stehen, aber oft dort nur einen bloßen Schatten bilden. Andere sind rötlichholzbraun oder hell schokoladenbraun, purpurbraun dicht gefrickelt oder gewischt. Schale sehr dünn. Gesamteindruck zwischen *Sericornis citreogularis* und *Phyllastrephus madagascariensis*. (Taf. 9, Fig. 3.)

Calamanthus fuliginosus isabellinus (und *suttoni*?). Manchmal fast einfarbig, was auch bei *montanellus* vorkommt. Sonst ähnlich den Eiern der folgenden Rasse, aber im ganzen etwas heller weinrötlich- oder gelblichbraun, am stumpfen Ende rötlich kastanienbraun gewölkt. — k = 1,19.

Calamanthus fuliginosus campestris, parsonsi und *ethelae*. Ähnlich den vorigen, oft etwas reicher gezeichnet. Hell kastanienbraun bis dunkel schokoladenbraun, auch weinrötlichbraun, nach dem oberen Ende hin dunkler werdend, dort zuweilen eine Zone verschwommener Frickel. Deutliche Flecke seltener. Glänzende Schale rundlichoval (k = 1,32).

Chthonicola sagittata. Auffallende, einfarbig ziemlich dunkel terrakottbraunrote Eier, die stark glänzen. Der manchmal als schokoladenrot oder rötlichbraun bezeichnete Farbton ist nur um eine geringe Spur bräunlicher als bei *Cettia cetti*, wenigstens nach acht eigenen und den mir sonst noch bekannt gewordenen Exemplaren, abgesehen von vier Stücken der Nehrkorn-Sammlung, die teils eine hellere, violettgraue Tönung, teils eine rötlichgraubraune Färbung aufweisen und neben solchen der zuerst angegebenen Nuance in der Sammlung liegen. Fast immer liegt am stumpfen Pol eine dunklere Zone. Eigestalt meist etwas bauchig (k = 1,26). Durchscheinende Farbe mitteldunkel braunrot.

Die eigenartige Färbung kommt sonst nur noch vor 1. bei den Eiern der Sylviiden *Cettia, Psamathia* und *Vitia ruficapilla badiceps* sowie 2. bei den drei Cuculiden *Cuculus poliocephalus* (Bd. I, S. 561), *Cacomantis pyrrophanes simus* (Bd. I, S. 566) und *Misocalius osculans* (Bd. I, S. 567), dessen Hauptwirt *Chthonicola* ist, also insgesamt in Europa, Indien bis Japan, Australien, auf den Palau- und den Fidschi-Inseln. Nur auf den Palau-Inseln paßt, soviel wir wissen, kein Kuckucks-Eityp zu diesen auffälligen Sylviiden-Eiern. Was mag die offenbar gemeinsame Ursache für eine so seltene Färbung sein?

Hylacola cauta whitlocki, cauta und *halmaturina, pyrrhopygia pyrrhopygia* (und *belcheri*?). Breitoval (k = 1,34, 1,32, 1,37 und bei *pyrrhopygia* k = 1,36). Mäßig glänzend. Die Grundfärbung ist eigenartig dunkelbraun, purpurbraun oder schokoladenbraun, mit leichtem kupferrötlichen Hauch, wobei der Ton vom spitzen Ende nach oben hin oft dunkler wird und dort eine Zone mit feinen dunkelbraungrauen Frickeln bildet. Manchmal sind diese auf hellerem Grund gleichmäßiger überall verteilt. Sie heben sich dann naturgemäß besser ab als bei dunklen Stücken und können auch in kleinen Kritzeln, Schnörkeln und Flatschen bestehen. Nach Serventy & Whittell (1967, S. 340) ist der Grund dunkelgrau, manchmal mit schwarzer Kappe.

Mit der übereinstimmenden eigenartigen Färbung und dem gleichfalls eigenartigen grießigen Korn der Eier bilden *Hylacola, Pyrrholaemus, Pycnoptilus* und

Sericornis eine oologische Gruppe für sich. Jedenfalls können diese Eier kaum mit anderen verwechselt werden. Ihre durchscheinende, trübweiße Färbung entspricht nicht der dunklen äußeren.

Pyrrholaemus brunneus. Eier vom *Sericornis*-Charakter. Stumpfkurzoval (k = 1,34). Glänzend. Mattolivbraun oder purpurbraun verschiedener heller Nuancen in der Grundfärbung. Gewöhnlich statt eigentlicher Zeichnung eine Zone wolkiger Verdunklung am breiteren Ende oder eine Kappe. Zuweilen nimmt die Intensität der Färbung von unten nach oben allmählich zu. STJERNBERG (briefl. 1972) vergleicht das abgebildete Ei der Sammlung KREUGER mit *Luscinia luscinia*-Eiern, findet es aber viel dunkler. (Taf. 9, Fig. 4.)

Pycnoptilus floccosus. Obwohl die Eier zu den dunkelsten überhaupt gehören, werden sie in bodenständige Ballnester mit seitlichem Eingang gelegt. Das niedrige relative Schalengewicht weist auf eine sehr dünne Schale hin. Diese ist fast einfarbig dunkelbraun, dunkel purpurbraun oder schwärzlichgrau, selten mit einigen schwarzen Kritzeln, häufiger mit einer wenig auffallenden, noch dunkleren Schattenzone im oberen Polgebiet. An der Grenze dieser Zone sieht man bisweilen einen unregelmäßigen, aus weißlichen Punkten zusammengesetzten Strich oder Streifen. Hier, aber nicht an der Stelle größter Eibreite, ist das Pigment von den Köpfchen der grießigen Granulation, die das merkwürdige Korn ausmacht, abgeplatzt oder dünner aufgetragen. Schwer erklärlich ist, warum das gerade an dieser nicht aufliegenden Stelle geschieht. Dasselbe eigenartige Korn und dieselbe eigenartige Färbungsweise findet man bei *Sericornis citreogularis*, nur ist die Färbung dort viel heller und mehr blaßschokoladenbräunlich und von einem weißlichen Strich kann nichts entdeckt werden. — Gelblichweiß durchscheinend, wider Erwarten. — k = 1,35.

Origma solitaria (= *Origmella*). Oval bis langoval (k = 1,35), glänzend, reinweiß. Zuweilen einige sehr feine Punkte.

Crateroscelis murina murina. Die Zeichnung der Eier kommt einer stärker verwischten bei *Trichastoma malaccense* nahe. Kurzstumpfoval (k = 1,31). Nur wenig glänzend. Auf gelblichweißem bis blaßbräunlichem Grund dicht hell rostbraun *Motacilla*-artig gefrickelt und gewölkt, dazu einige graue Unterflecke und am oberen Ende ein paar schwärzliche Haarzüge oder dunkelbraune Punkte. So bei NEHRKORN. Manche Eier erscheinen fast einfarbig braun und nur oben mit lavendelgrauen und braunen feinen Spritzern besetzt, bei anderen ist der Farbton mehr rötlichbraun. Von den beiden Stücken im Britischen Museum hat das eine hellrötlichgrauen Grund, das andere dunklerbräunlichen. Beide tragen wie Schattenzonen verwischte dunkelgraue Flecke. Gesamteindruck: Mittel zwischen den Eiern der australischen *Sericornis*-Arten und der südamerikanischen *Pachyramphus*-Arten. Ich halte all diese von Weiske gesammelten Eier für falsch bestimmt, weil sie für den nur 17 g wiegenden Vogel zu groß sind und mit 3,57 g Gewicht ein fast doppelt so großes RG mit 21,0% ergeben als Eier vergleichbarer gleichgroßer Vögel. (Da die Eier der nächsten Art bei etwa gleicher Vogelgröße nicht viel kleiner sind, dürfte dieser Schluß nicht haltbar sein, so daß kein Fragezeichen hinter dem Artnamen nötig ist. Hrsg.)

FSC
www.fsc.org
MIX
Papier | Fördert gute Waldnutzung
FSC® C083411

Zeitfracht Medien GmbH
Ferdinand Jühlke-Straße 7
99095 Erfurt, Deutschland
produktsicherheit@kolibri360.de